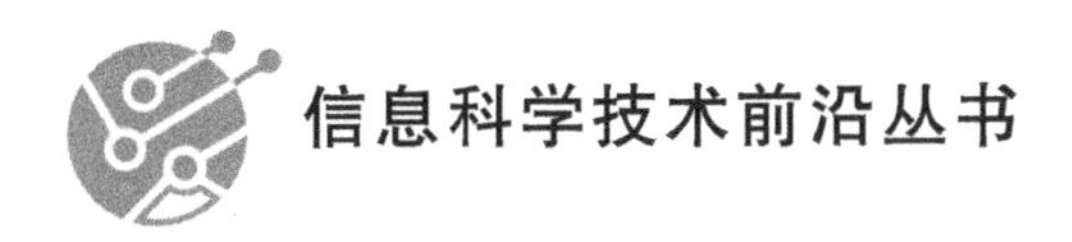

基于深度属性学习的光学遥感图像分类研究

许文嘉　王　洋　张源奔　著

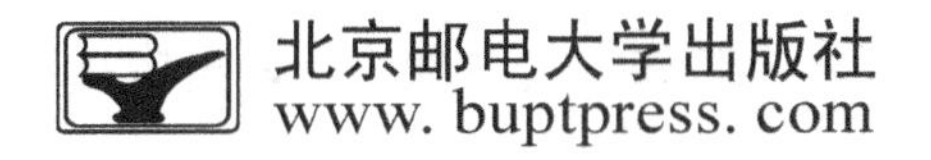

内容简介

本书共分为8章，重点研究了基于深度属性学习的光学遥感图像分类方法，如基于属性学习预测的细粒度遥感目标分类、基于多源属性学习的细粒度遥感场景分类、基于属性建模迁移的少样本遥感图像分类、基于视觉属性自动化标注的零样本遥感图像场景分类等。对于每种典型的遥感图像分类方法，从研究者的角度，详细地介绍了其研究背景、问题描述、算法模型、实验结果等。

本书所述的遥感图像分类研究方法及实验分析，对从事遥感图像解译的相关科技工作者以及硕博研究生具有较大的启发与指导意义。

图书在版编目(CIP)数据

基于深度属性学习的光学遥感图像分类研究 / 许文嘉，王洋，张源奔著. -- 北京 ：北京邮电大学出版社，2024.5

ISBN 978-7-5635-7228-1

Ⅰ. ①基… Ⅱ. ①许… ②王… ③张… Ⅲ. ①光学遥感—遥感图像—图像处理—研究 Ⅳ. ①TP75

中国国家版本馆 CIP 数据核字(2024)第 095120 号

策划编辑：马晓仟　**责任编辑：**刘　颖　**责任校对：**张会良　**封面设计：**七星博纳

出版发行：北京邮电大学出版社
社　　址：北京市海淀区西土城路 10 号
邮政编码：100876
发 行 部：电话：010-62282185　传真：010-62283578
E-mail：publish@bupt.edu.cn
经　　销：各地新华书店
印　　刷：河北虎彩印刷有限公司
开　　本：720 mm×1 000 mm　1/16
印　　张：10.75
字　　数：219 千字
版　　次：2024 年 5 月第 1 版
印　　次：2024 年 5 月第 1 次印刷

ISBN 978-7-5635-7228-1　　定　价：49.00 元

前　　言

遥感技术革命性地拓展了人类观测地球的手段和能力，伴随着近年来对地观测技术的迅猛发展，遥感数据理解已成为当前认知地球变化、了解人类活动的重要工具。遥感影像分类是遥感图像理解的基石，在生态保护、国土测绘、应急救灾、军事侦察等领域正发挥着越来越关键的作用。现有机器学习方法多基于图像直接提取图像特征预测类别标签，然而图像特征与类别标签之间存在较大的语义鸿沟，考虑到遥感数据具有类别粒度细、样本获取难等特点，面向少样本、高精细的遥感影像分类仍是当前非常具有挑战性的任务。属性刻画了图像类别的具体视觉和语义特性，是连接底层图像特征与高层语义的中间表示，能够标识类别辨别性特征、传递类间共享信息、揭示模型运行机理，成为近年来深度学习领域的研究热点。

目前我国在遥感图像分类领域已经出版了众多优秀专著（包括译著）和教材，但针对基于深度属性学习的光学遥感图像分类问题论述较少。

本书围绕光学遥感图像分类过程中面临的少样本、细粒度等典型问题，从深度属性学习的角度提出解决思路。全书分为 8 章，分述如下。

第 1 章综述了遥感图像分类方法的发展脉络，并分析该领域面临的问题挑战。第 2 章介绍了视觉信息认知计算与深度属性学习理论与方法。第 3 章、第 4 章针对遥感图像分类所面临的类间差异小、类内差异大的细粒度问题，提出融合属性学习预测的多任务学习模型，以及基于多源数据（遥感图像和地理空间大数据）的属性提取融合模型，通过多源属性的提取、学习和预测，提高图像分类模型对细粒度类间差异的辨识能力。第 5 章针对训练样本较少、部分类别无训练样本的少样本遥感图像分类问题，提出属性原型网络，通过属性在视觉空间的建模，将视觉信息从具有大量训练样本的源类别转移至少样本类别，解决样本不足导致的类别建模不明确、分类准确率低的问题。第 6 章针对人类标注的属性在视觉空间不完备、标注耗费人力等问题方面，提出视觉属性发掘网络，通过局部图像特征聚类方法挖掘属性，实现属性的自动化标注。第 7 章进一步提出基于深度语义-视觉对齐模型进行属性的标注，缩减人类标注的成本。第 8 章对上述方法进行总结，并展望未来遥感图像分类研究的方向。

本书汇聚了作者近年来在遥感图像分类方向上的研究成果，部分内容已以学术论文的形式发表在国内外会议、期刊上。本书面向遥感应用领域的科研人员、工程技术人员，撰写过程力求专业详实、有可操作性，期望能为同仁提供有价值的参考。

本书的出版得到了北京邮电大学出版社的大力支持，在此表示诚挚的谢意。由于作者水平有限，书中难免有不足之处，殷切地欢迎广大读者批评、指正。

本书作者

2024 年 4 月 7 日于北京

目　　录

第1章
绪　　论

1.1　研究背景及意义

现代遥感技术一直是衡量国家科技实力和综合国力的重要指标。调查表明，截至 2021 年 9 月，地球轨道上分布有 4 550 颗卫星，而中国的在轨卫星超过 400 颗[1]。我国的高分辨率对地观测系统已经实现米级、亚米级遥感影像获取，并积累了庞大的数据。对海量的遥感数据进行快速解译，获取其中的有效信息，是当前遥感研究领域的热点。遥感图像分类作为遥感图像解译的关键组成部分，近年来受到广泛关注，在城市规划、军事侦察、防灾减灾等关系国计民生的各个领域发挥着不可替代的作用[2,3]。

遥感图像分类主要是通过抽取图像底层特征，如边缘、纹理、颜色等[4]，并将其映射至高层的分类语义，如图像类别、图像目标和场景语义等[5]，从而达到基于图像获取其分类信息的目的。传统遥感图像分类方法多采用人工设计的算子，如 SIFT、HOG 等提取图像底层特征[6]，利用机器学习方法建立底层特征和分类语义的映射实现分类；同时，伴随着深度学习等的发展，大量深度学习的模型也被广泛用于遥感图像分类[7]。但是，由于底层特征对于高层语义的表达能力弱，两者并无直接关系，存在无法弥合的“语义鸿沟”，因而在复杂场景或目标的分类上效果不佳。尽管深度学习模型的图像特征随着网络规模的增加而对图像的理解逐步增强[8]，但大部分神经元和计算都无法直接解释，“语义鸿沟”也是基于深度学习对遥感影像分类需面临的重要挑战。

尽管当前的深度学习模型针对常规自然图像分类任务取得了较好的效果，然而遥感图像与自然光学图像有着显著差异，对高精度的需求和目前有限的遥感图像智能化处理能力有很大矛盾[9]。端到端的深度学习分类模型的本质是在视觉空间学习能够区分不同类别的超平面。训练深度学习模型一方面需要充足的底层图像特征,以便对视觉空间进行有效建模;另一方面需要高层类别之间尽量可分,类别数目越少,类间差距越大,深度学习模型的效果就越好[10]。然而遥感图像本质上存在少样本问题。虽然对地观测系统每天采集 100TB 以上的遥感数据,但由于图像标注成本高、难度大,高质量数据依然较少[11]。此外,遥感目标库在不断动态更新,而人类标注难以实时跟进。另外,遥感目标类别之间的差距较小,存在细粒度问题。以遥感目标分类任务为例[12],模型通常需要针对某一类目标(如飞机、舰船等)的具体型号进行识别。例如,仅美国现役军机就有无人机、直升机等共计 150 多种型号[13]。不同型号样本的形状、纹理等特征类似,仅有少量局部特征存在差异。当面临少样本或细粒度等常见的遥感图像问题时,当前深度学习算法并不能取得满意的效果[14]。此外,遥感图像分类结果往往服务于关系国计民生的重要任务,对模型结果的可信度和可理解性也有一定要求,而端到端深度学习模型的黑箱特性无法及时满足这一需求[15](当前遥感图像分类问题及本书的解决方案如图 1.1 所示)。

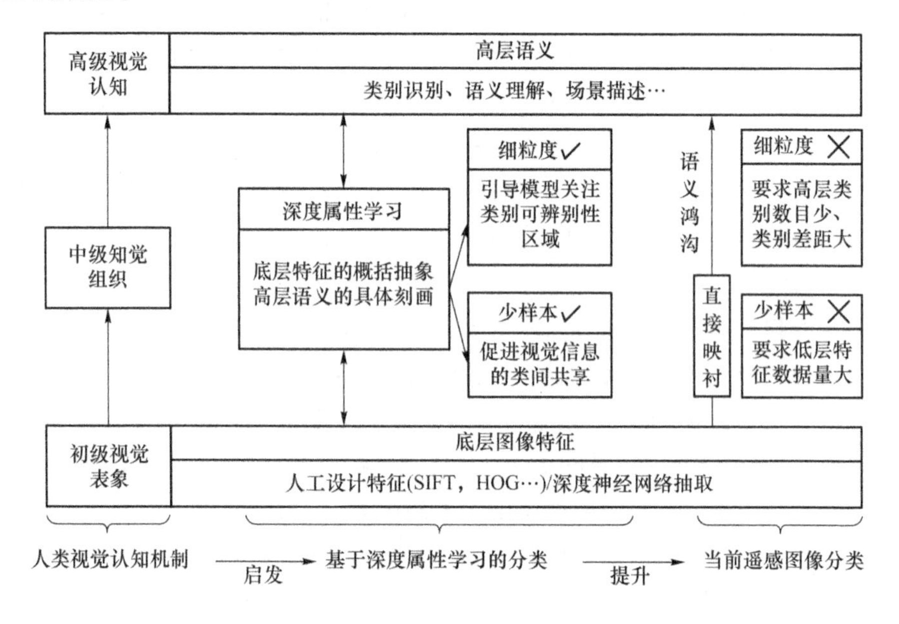

图 1.1　当前遥感图像分类存在的问题及本书的解决方案

人类对视觉的感知机制分为三个层次,分别是:颜色、纹理等初级视觉表象;有语义信息的中级知觉组织;识别、反馈等高级视觉认知。受人类视知觉研究进展的启发,计算机科学家也将计算机视觉理解划分为三个层次:底层图像特征;中层语义建模;高层类别。属性是图像中层语义建模,如物体的整体形状、颜色;人类的性格、年龄、外貌;场景中的局部物体(如“树叶”“车轮”)、背景(如“海洋”

“森林”)、用途(如“商业”“工业”)等[16]。对底层图像特征而言,属性是其概括和抽象。对高层类别而言,属性是类别的具体视觉和语义信息的刻画。因此,属性是承接底层图像特征和高层类别的中间语义[17]。不同于底层特征与高层类别的直接映射,利用属性学习建立两个层次的联系有以下三个独特的优势。①属性具有共享性。例如遥感场景类别“居民区”和“学校”都可能含有建筑物、植被等属性,通过属性的视觉建模和迁移,能够促进视觉信息在类别之间的流动,从而利用具有大量样本类别的知识解决少样本类别的分类问题[18]。②属性具有可辨别性。由于属性描述了类别实例全方位的特征,其集合往往具有很强的可辨别性,如不同型号的飞机的属性描述了“机翼形状”“发动机个数”等能够辨识该类别的关键信息[19]。通过引导深度学习模型进行属性预测,能够帮助模型将细粒度的类别样本区分开来[20]。③属性具有可解释性。与底层图像特征相比,属性具有丰富的语义和视觉含义,并且能够被人类和机器所理解[21]。在深度学习模型中引入属性学习和建模,就能有效加强网络中间特征的可解释性,推动更高级的人机交互方式[20]。因此,属性的引入有效弥补了图像的高层类别和低层特征之间的语义鸿沟,并已在自然图像处理领域表现出巨大的优势,被广泛应用到细粒度识别[22]、解释机器决策[23]、图像编辑和生成[24,25]、智能化安防[26,27]、时尚预测和推荐[28,29]等诸多领域。

基于以上考虑,本书围绕遥感图像分类这一主题,研究属性学习驱动的深度学习遥感图像分类关键方法。①针对细粒度遥感图像目标分类问题,本书提出融合属性预测的多任务学习模型,引入属性分类引导神经网络增强对于图像关键区域的注意力,有效提高遥感飞机目标细粒度分类准确率。此外,在深度神经网络中引入属性缓解了底层图像特征与高层类别语义之间的语义鸿沟,本书所提出的方法能够生成视觉和文本的解释,揭示模型运行的机理和依据。②针对细粒度遥感场景分类问题,本书提出基于多源数据(遥感图像和地理空间大数据)的属性提取融合模型,抽取多源数据中的时间和空间属性,增强遥感场景的可辨别性并提高分类准确率。③针对训练样本较少、部分类别无训练样本的少样本遥感图像分类问题,本书提出属性原型网络,通过属性在视觉空间的建模,将视觉信息从具有大量训练样本的源类别转移至少样本类别,解决样本不足导致的类别建模不明确、分类准确率低的问题。④针对人类标注的属性在视觉空间不完备、标注耗费人力等问题,本书提出视觉属性发掘网络,通过局部图像特征聚类方法挖掘属性,实现属性的自动化标注。该方法能够在不增加人力的情况下提高属性集合的完备性,有效缩减人类标注的成本,并且在细粒度和少样本分类实验中验证该方法的优越性。

1.2 光学遥感图像分类

图像分类是遥感图像处理的重要单元，光学遥感图像分类任务是遥感图像理解的基石，也是地理信息系统的关键技术，在城市规划、防灾减灾、资源管理、环境监测、军事侦察等领域发挥着重要作用[19,30]，近年来受到广泛关注和研究，遥感图像分类实例如图 1.2 所示。本小节首先对光学遥感图像分类的分类策略和应用场景进行了概括，然后从细粒度分类、少样本分类等几个方面对光学遥感图像分类的国内外研究现状进行了介绍。

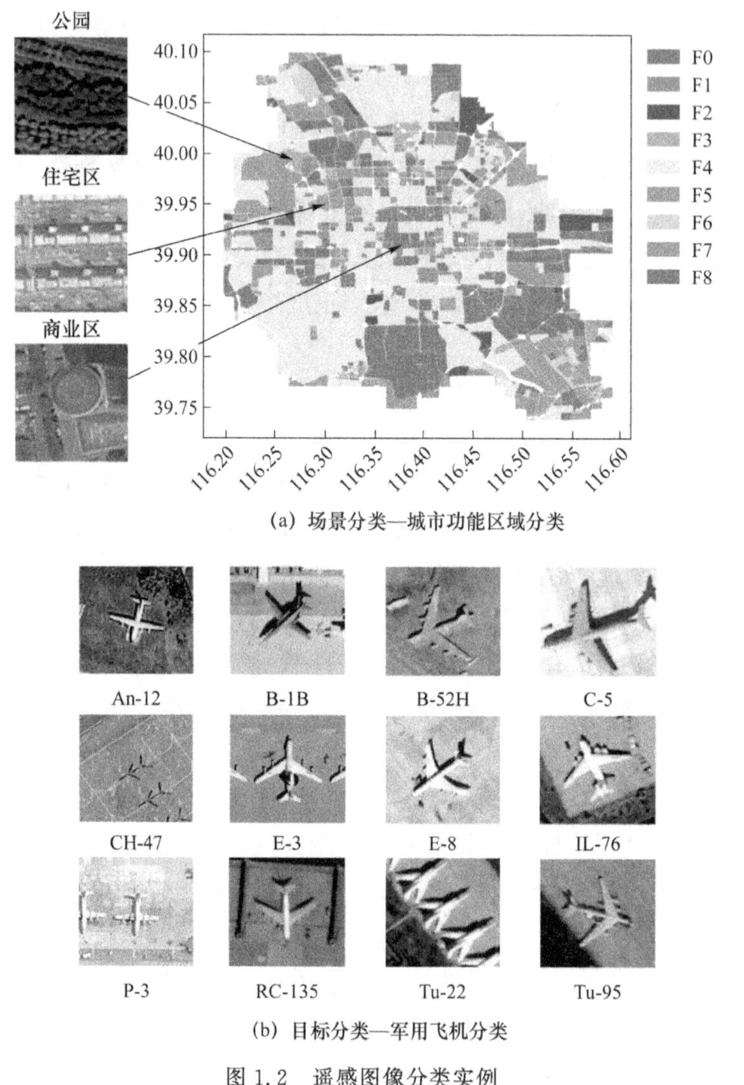

(a) 场景分类—城市功能区域分类

(b) 目标分类—军用飞机分类

图 1.2 遥感图像分类实例

图 1.2 的彩图

1.2.1 应用场景与难点挑战

遥感图像的分类策略主要有三种:基于像素的分类(pixel-level classification)、面向目标的分类(object-level classification)和基于场景的分类(scene-level classification)[31]。

① 基于像素的分类是为每个像元标注一个类别,主要依赖像素自身的信息以及和邻近区域像素的关系进行分类。该分类方法主要应用于遥感地物分类、城市用地分类等领域[32]。

② 基于目标的分类方式是为遥感图像中的目标分配类别,主要以目标自身的像素信息以及周围环境的交互关系进行分类。基于目标的分类方式被广泛应用于飞机、舰船等目标的识别中,军事应用意义重大[12,19]。

③ 基于场景的分类是为局部遥感场景区域标注类别,需要对场景中的目标和环境进行语义理解,并综合信息进行分类。该分类方法主要应用于城市功能区域划分、遥感场景理解等领域[30]。

研究表明,基于像素的分类方式易出现“椒盐现象”,造成分类结果不准确;而基于目标和场景的分类方法应用更加广泛,成为高分辨率对地观测中更为主流的分类方法[2]。本书对遥感影像分类的研究也主要针对目标分类和场景分类展开。图 1.2 展示了几种遥感分类结果与举例。利用遥感图像进行城市功能区域识别,其结果对城市土地利用和规划有重要参考作用[33];对遥感图像场景和图中目标进行分类,能够为军事侦察任务提供辅助[34]。

遥感图像分类技术研究与人工智能的发展关系紧密。自 1955 年人工智能概念被提出以来,机器学习作为人工智能的重要方向,一直被应用于遥感领域[35,36],从而提高了传统统计学习方法的效果。以 2012 年卷积神经网络(AlexNet)为起点[37],一系列深度学习视觉算法被提出。得益于强大的算力支撑和海量数据,深度学习能够提取具有高鲁棒性和泛化性的图像特征[38],从而提高了下层应用的精度,被广泛应用于图像分类任务[39-41]。

然而与自然场景下的普通图像不同,光学遥感图像分类仍面临类别粒度细、样本量少两个难点。

1. 细粒度问题

由于获取方式和数据分布不同,遥感图像分类与自然光学图像分类有着显著的差异,遥感图像分类存在类间差异小、类内差异大的细粒度问题,其主要原因如下。①在面向目标的遥感图像分类问题中,分类目标主要是某种类别的亚种。例如,在军事识别任务中区分不同类型的舰船、飞机、装甲车,或在资源勘探中区分不同类型的矿产地[42,43]。在面向场景的遥感图像分类任务中,不同场景类别往往共享部分地物要素。例如,"居民区"和"商业区"中都含有道路和建筑物等地物要素[44,45]。该问题导致不同类别样本的底层图像特征中有大量信息重合,仅有少量局部特征表现出类别差异。②受噪声、天气、云层等因素影响,同类遥感图像之间存在较大的分布变化[46]。例如,飞机停靠角度、背景和成像条件的变化,都会导致同一型号的飞机的形状、颜色和阴影发生变化。较好地区分细粒度的类别并且对同类样本的分布变化进行有效建模是本课题(构建基于深度学习遥感图像分类方法)重点研究的方向。

2. 少样本问题

遥感图像本质上存在着样本有限的问题,大部分类别带标签训练样本少,部分类别无训练样本。少样本主要表现为以下两方面。①由于数据获取方式受到遥感器件和自然环境的限制,众多目标类别只能获取几幅到几十幅图像样本[19]。目前能够收集到大量样本的遥感目标类别只占所有类别的少数,大部分飞机和舰船型号极难获取大量样本[47]。②由于遥感目标库在不断动态更新中,而人类标注难以实时更新,目前大规模的遥感图像分类数据集所采集的样本仅占总目标的极小一部分。例如,FAIR1M 数据集[48]采集的飞机型号仅有 10 种,MTARSI 数据集采集的飞机型号只有 20 种,而在现实场景中仅美国现役军机就有直升机、短距起降飞机、固定翼飞机和无人机等各类型飞机共计 150 多种型号[13]。传统深度学习算法需要大量训练样本的支持,如何在少样本场景下有效建模类别的视觉特征、构建精确的分类模型,是本课题的重要研究方向。

1.2.2 研究进展

本节将介绍遥感图像分类的典型方法以及相关研究进展,并总结当前光学遥感图像分类面临的问题。

1. 典型方法

图像分类任务的基本思路为抽取底层图像特征,并将其映射到高层语义。因此图像分类任务可以简单分为两个模块,特征提取模块和分类器模块。

1) 特征提取模块

特征提取模块的基本思路是从图像中抽取能够表达其特征的数据分布的图像表示(image representation)。特征提取的方法主要有两种:①在深度学习算法普及之前的手动设计特征,如用人工设计的 SIFT、HOG 等算子抽取边缘、纹理、颜色等特征;②用深度学习模型层次化抽取图像特征。

在前深度学习时代,遥感图像分类方法主要依赖人工设计的图像特征提取算子来提取底层图像特征,如图像的颜色、纹理、局部形状等。广泛应用的图像特征提取算子有 gabor 算子[49]、SIFT 算子[6]、HOG 算子[50]、GIST 算子[51]、Canny 算子[52]以及各种滤波器[29,53]。此外，部分研究提出词袋模型(Bag-of-Words)等方法来汇总上述手工设计的特征[54]。

这种需要大量先验知识的特征提取方法无法针对多种场景、任务、数据进行自动迁移，并且底层特征抽取无法对遥感影像所包含的多层次信息进行充分利用。此外，这种方法的理论基础是不同类别的图像可以根据其纹理、颜色分布、边缘角点等特征来区分。然而底层图像特征对高层语义的表达能力较弱，两者并无直接联系，存在无法弥合的“语义鸿沟”，因而在复杂场景或目标的分类任务中效果不佳。

深度学习模拟人脑从视网膜到大脑皮层的多层处理，可以从海量原始数据中自主进行特征学习，提取具有鲁棒性和泛化性的图像特征。研究表明[8]，深度学习低层抽取的特征蕴含了图像的局部边缘、形状、纹理等信息，而随着模型层数的增加和感受野的增大，深度学习模型能自动抽取更加高层的语义信息。2012年，随着AlexNet[37]在ImageNet[10]比赛中夺得冠军，深度学习迎来了新一轮发展热潮。大量以卷积神经网络为代表的神经网络被陆续提出并取得逐步进展。近年来，生成对抗网络[55]、变分编码器[56]、Transformer[57]等模型的提出也使图像特征的抽取和学习有了新的进展。这些深度学习模型也被广泛应用到遥感图像的特征抽取工作中[9,58,59]。

2）分类器模块

抽取图像特征后，分类模型需要设计分类器，将图像特征映射到类别空间，建立底层特征与高层语义的联系。遥感图像分类常用的经典分类方法包括K-近邻、最大似然、支持向量机、归一化指数函数等。

深度学习模型的图像特征随着网络深度的增加而发生变化，对图像的理解逐步增强。以卷积神经网络为例，研究表明[8]低层神经网络能够实现类似滤波器和角点检测的效果，发掘图像局部的边缘和纹理等低层特征。随着网络层数加深，感受野增大，部分神经元成为实例检测器，能够探测局部语义的存在。然而，深度学习本身是黑盒计算，虽然部分神经元的效果可以通过后期可视化探知，但是大部分神经元和计算都无法直接解释。此外，由于底层特征对于高层语义的表达能力弱，两者并无直接关系，因此深度学习的图像特征和高层语义之间仍存在“语义鸿沟”，因而针对复杂场景或目标的分类问题效果不佳。

2. 细粒度分类问题研究进展

细粒度图像分类场景的主要表现是类内目标的方差大，而类间方差小，导致模型无法有效学习类别边界，造成类别的混淆。遥感图像分类模型主要从改善模型能力和增大数据信息量两个方向进行改进，可总结为以下三点。

1）通过加深模型层数、加入注意力机制等方式来增大感受野、增强模型特征抽取的能力[60,61]

从AlexNet[37]、VGG[62]、ResNet[38]、DenseNet[63]，到最近提出的Transformer[64]，

深度学习模型的层数逐渐加深，结构日趋复杂，其特征抽取能力也随之增强。Bazi 等[9]提出一种基于 ViT 网络的遥感图像分类方法，与基于卷积神经网络的模型不同，Transformer 模型能够通过捕捉不同区域图像块之间的联系，从而获得更大的感受野。注意力在人类的感知中发挥关键性作用，注意力机制为不同的特征分配不同的权重，以帮助模型选择对准确分类最有价值的特征。因此，众多研究工作提出利用注意力机制引导模型灵活地抽取关键信息，从而获得更具有辨别性的图像特征。Fu 等[65]首次提出应用注意力机制解决细粒度图像分类问题，使用循环视觉注意力模型选择一系列重要图像区域。Song 等[66]提出利用全局和局部注意力加深模型对于图像的理解，此外还提出视觉和语义注意力弥补图像特征与高层语义之间的语义鸿沟。He 等[67]应用多级注意力同时定位每个图像的多个判别区域，这种多级注意可以提取多样化和互补的信息。Cai 等[68]结合上述两种思路，提出使用交叉注意力机制和图卷积集成算法进行图像分类。这些方法使模型具备较高的预测能力，但是需要庞大的参数量和复杂的模型结构，可能无法适应星载、机载遥感处理终端的计算量限制。

2）通过收集更大规模的训练数据集、提出数据增广或数据生成的技术来提高训练数据量[39,44,47,69]

随着遥感卫星的增多和图像处理技术的进步，出现了大量大规模遥感图像数据集[44,47]。这类方法思路简单，性能较好，但部分遥感类别图像难以获取。例如，Sun 等[47]采集的数据集包含 1 万余幅图像，但仅涵盖 37 个飞机型号，而在现实场景中仅美国现役军机就有无人机、直升机等各类型飞机共计 150 多种型号。数据增广方法从现有的训练数据集中生成额外的样本，同时保留原始类别标签的有效性，可以简单有效地增加训练数据集的大小和多样性。Xiao 等[70]提出渐进式遥感船舶图像数据增强方法，首先使用真实图像的三维模型生成船舶样本，然后使用风格转换网络消除生成样本和真实样本之间的差距。Wang 等[71]提出对高光谱图像进行无监督数据增强。Zhang 等[72]提出基于类激活图和图像处理的监督数据增强方法，并使用该方法对高分辨率遥感图像进行增广。

3）通过多源、多模态数据融合加强遥感图像分类任务的能力[40,73,74]

多源数据主要包括不同类型的图像数据，如高光谱、多光谱、合成孔径雷达、LIDAR 数据等，以及地理空间大数据，如 Point of Interest 数据、街景数据、开放地图、社交媒体数据等。利用多源和多模态数据融合进行遥感图像分类能够通过信息的聚合提高单一数据源的分类效果。Hong 等[74]提出多路神经网络，融合高光谱、多光谱、SAR 和开放街道地图等数据的信息，实现遥感场景分类。Pastorino 等[75]提出利用 transformer 模型，实现 LIDAR 数据和高光谱数据的融合分类。模型能够有效融合多源数据的信息，但由于多源数据分布不一致，统一的特征抽取仍有难度，应为不同的数据设计相应的网络结构。

3. 少样本分类问题研究进展

由于获取方式和分布的不同,遥感图像与自然光学图像有着显著差异。由于数据获取方式受到遥感器件和自然环境的限制,少样本分类问题是遥感图像分类面临的重要挑战之一。由于样本量较少,导致模型无法有效学习类别边界。针对少样本分类场景的改进工作主要从数据、模型和算法三个角度展开[76]。

1) 利用数据增广和数据生成的方法增加训练样本库,以有效学习类别边界

数据增广与数据生成相关方法利用部分先验知识增强训练数据,从而扩充监督信息,利用充足数据来实现可靠的经验风险最小化。根据增强数据的来源,这类方法可分为通过训练集数据生成新数据、通过无标签的数据集生成新数据、通过其他相似数据集生成新数据。早期 Miller 等[77]通过从相似类别中学习几何变换来生成目标类别的样本,之后 Schwartz 等[78]通过学习一组自动编码器来拟合类内样本的可变性,从而生成多样的图像样本。Pfister 等[79]和 Grant 等[80]进一步从弱标记或未标记的大型数据集中选择具有目标标签的样本来增强训练集,还有部分工作从其他大型数据集中寻找或生成新的样本。Gao 等[81]利用大规模数据集学习生成对抗网络,通过大规模数据集的图像生成少样本类别的图像。这类方法思路简单易行,但对于新的数据集往往需要新的数据增强的策略,因此它的泛化能力较差。

2) 利用先验知识训练模型,使模型具备拓展到小样本类别的能力

根据使用先验知识的不同,相关工作可以分为多任务学习、嵌入学习等。多任务学习通过设置多个相关任务的训练来帮助模型更好地适应少样本类别的学习,其中有充足训练样本的任务被称为源任务,而少样本分类任务为目标任务。参数共享方法直接共享不同任务之间的模型参数,Zhang 等[82]设置了两个任务,共享模型的主要参数,然后学习不同的全连接层来处理不同的任务。而 Motiian 等[83]先在源任务上训练变分自编码器,然后将模型复制到目标任务上。参数绑定方法通过约束两个任务使用的模型参数相似,如对两个模型的参数添加正则化约束,来达到多任务训练的目的[84]。嵌入学习将样本嵌入到低维空间中,在这个空间中对相似和不相似的数据对进行识别。嵌入函数主要由少样本训练集的先验知识获得。嵌入学习有以下几个关键部分,嵌入函数用于将测试样本嵌入低维空间,相似度函数用于计算嵌入空间中两个嵌入之间的相似度。较为经典的方法为原型网络[85],通过比较测试样本与类别原型样本之间的相似度进行分类。嵌入学习模型结构较简单,对不同数据集的繁华性较强,但模型的训练需要拥有训练样本和先验知识。

3) 利用先验知识学习算法,使算法能够适应小样本类别

相关方法主要应用元学习的思路,目标是在接触到没见过的任务或者迁移到

新环境中时，可以根据之前的经验和少量的样本快速学习如何应对。因此元学习方法通常将少样本分类任务分成 N-类、K-样本的子任务，在子任务上学习如何利用先验知识学习算法快速泛化到少样本类别，通过提供较好的初始化参数或较好的优化器来进行少样本分类。MAML[86] 提出通过少量的梯度下降训练学习较好的模型参数。由于通过少量样本学习参数会导致模型的不确定性增加，Finn 等[87] 提出在元学习的过程中考虑模型的不确定性，并以此为优化目标学习算法。此外，仅使用少量的梯度下降训练可能会导致模型训练的偏移，Gui 等[88] 提出使用正则化网络来修正偏移。这类算法设计灵活，泛化能力强，但 N-类、K-样本任务选取的样本数往往较小，比如 5 类，导致训练的模型无法适应大规模分类任务。

1.3 研究内容

本书的研究框架如图 1.3 所示。本书首先从人类与计算机的视觉信息认知理论出发，详细阐述深度属性学习的理论基础与研究意义。本书的主体可分为三大部分，分别针对遥感图像分类的细粒度问题、少样本问题、视觉属性的自动化挖掘问题进行研究和讨论。①针对类别粒度细的问题，本书利用属性信息增强深度神经网络对类别中关键性可辨别区域的学习，提高网络对细粒度类别的分类精度。②针对训练样本少的问题，本书利用属性建模促进深度神经模型对不同类别视觉特征的学习，并通过属性实现视觉信息在类别间的迁移，解决样本不足的问题。③针对人类标注的属性在视觉空间不完备的问题，本书研究自动挖掘视觉属性的方法，提高属性在视觉空间的完备性。

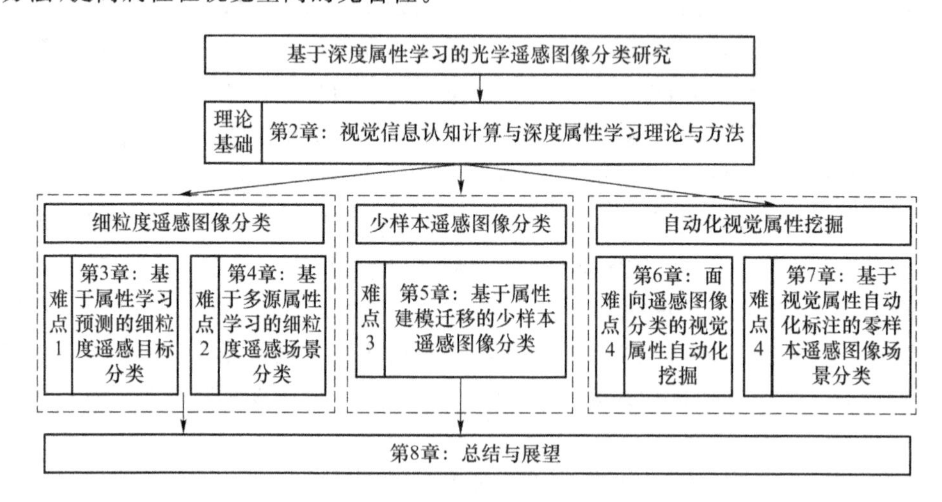

图 1.3　本书的研究框架

具体来说,本书将系统研究以下4个难点问题,并提出有效的研究方案。

(1) 难点1:针对细粒度遥感图像目标分类问题,如何在深度学习模型中预测属性,并提高模型对类别可辨别性区域的注意力。

本书提出融合属性预测的多任务学习模型。得益于属性的可辨别性,将属性预测和类别预测相结合能够引导神经网络注意具有类别辨别性的图像区域,如关注图像的前景目标和局部细节信息。此外,由于属性具有可解释性,模型提出嵌入注意力推理模块,通过计算属性特征对于类别预测的贡献度,生成基于属性贡献度的模型决策解释。

(2) 难点2:针对细粒度遥感场景分类问题,如何从多源遥感数据中抽取属性,并与图像特征融合提高其可辨别性。

本书提出基于多源数据(遥感图像和用户地理空间大数据)的属性提取融合分类模型。针对用户地理空间大数据中富含的时空属性特征,本模型首先提取数据的时间统计特征作为时间属性。并进一步考虑用户活动在空间上的规律性,建立用户-区域图网络,提取反应用户在各区域活动的空间属性。最后基于深度学习网络提取图像特征并与时空属性进行融合分类。

(3) 难点3:针对少样本遥感图像分类问题,如何在视觉空间中建模属性原型,并实现视觉信息的类间迁移,解决训练样本少导致的分类难题。

本书提出属性原型网络,将少样本和零样本分类任务整合到统一框架下。由于属性是类别标签的中级语义描述,本书通过对卷积神经网络中间层特征进行属性回归学习,能够实现对属性视觉信息的建模,提高网络对于局部关键类别信息的学习。此外,由于属性具有类别共享特性,利用少样本类别的属性信息构建类别视觉空间分布,实现视觉信息从样本较多的源类别到少样本目标类别的迁移,解决视觉特征少导致的分类难题。

(4) 难点4:针对人工标注的属性在视觉空间不完备、标注过程耗费人力等问题,如何从图像中挖掘视觉属性,并实现属性的自动标注。

本书提出视觉属性发掘网络。为实现属性自动化标注,网络通过大量图像局部切片的聚类,挖掘具有相同视觉信息的属性簇,在提高属性视觉完备性的同时减少人力标注成本。为将视觉属性从源类别拓展到样本较少的目标类别,该网络提出类别关系模块,通过类别相似性矩阵优化算法学习类别关系,实现视觉属性的类间迁移。

综上,本书以视觉信息认知计算理论为依据,以深度神经网络中属性信息的学习、建模和挖掘为主线,针对光学遥感图像不同层次的分类任务及关键问题进行了系统的研究和总结。

1.4 本书章节安排

各章节的研究内容概述如下。

第1章:绪论。该章介绍本课题的研究背景及意义,综述光学遥感图像分类、融合深度属性学习的光学图像理解的相关研究,阐述当前基于深度学习的光学遥感图像分类面临的难点以及本书的解决方案,归纳本书的研究内容和创新点。

第2章:视觉信息认知计算与深度属性学习理论与方法。该章从人类视觉层次感知机制以及计算机视觉信息认知计算的相关理论出发,介绍承接底层特征和高层类别的中间语义——属性的重要性,介绍属性的定义、分类、获取方式、特点及研究意义。

第3章:基于属性学习预测的细粒度遥感目标分类。该章提出集成属性预测和类别预测多任务学习模型,加强对于属性的学习,引导深度学习模型将注意力从复杂的图像背景集中到前景目标本身,捕捉更多有利于分类的局部细节信息。该章还提出嵌入注意力推理模块,计算属性对模型决策的贡献度,生成基于属性的解释,构建可解释的深度学习模型。实验结果验证了融合属性学习对细粒度分类效果的提升。

第4章:基于多源属性学习的细粒度遥感场景分类。该章提出基于多源数据的时空属性提取与融合分类模型。首先使用易获得的地理空间大数据,依据人类活动的规律性提取时间属性,然后依据用户在区域间的活动建立用户-区域图网络,提取空间属性。此外,模型提出决策融合网络来融合多种属性以及遥感图像的预测概率,做出最终决策。实验结果验证了时空属性对细粒度遥感场景分类的效果增强。

第5章:基于属性建模迁移的少样本遥感图像分类。该章将遥感图像少样本分类和零样本分类问题统一,提出属性原型网络。网络通过属性回归和属性解耦合、属性在视觉空间的高精度建模,增强深度学习模型所抽取视觉特征蕴含的图像局部细节信息。网络利用目标类别的属性信息拟合其视觉空间分布,利用属性将源类别中的视觉信息迁移至目标类别,改善训练样本不足的问题。实验结果验证了属性原型网络对少样本分类问题的有效性。

第6章:面向遥感图像分类的视觉属性自动化挖掘。该章提出视觉属性发掘模型,其中视觉属性发掘模块从图片中挖掘跨类别共享的视觉属性,并实现属性的自动化标注。该章提出类别关系模块,能够学习源类别和目标类别之间的语义关系,将视觉属性迁移到无训练图像的类别。该章所学的视觉属性能够增加属性的视觉完备性和可辨识性,同时减少属性标注过程中所需的人力物力,在少样本分类和细粒度分类任务上取得显著效果提升。

第7章:基于视觉属性自动化标注的零样本遥感图像场景分类。该章提出了一种语义-视觉多模态网络,先为遥感场景类构建一个包含丰富语义和视觉信息的属性词汇表,然后通过计算属性与示例图像之间的语义视觉相似性来完成属性标记。该章提出了深度语义-视觉对齐模型,将视觉图像映射到属性空间中,同时对可见类和不可见类图像进行分类。通过实验验证,该章提出的深度语义-视觉对齐模型能够提高 ZSL 模型用于遥感场景分类的性能。

第8章:总结与展望。总结本书中提出的创新点及贡献,展望未来的研究工作。

本章参考文献

[1] ALI M, CLAUSI D. Using the canny edge detector for feature extraction and enhancement of remote sensing images[C]//IEEE 2001 International Geoscience and Remote Sensing Symposium. Sydney: IEEE, 2001: 2298-2300.

[2] 吕启. 基于深度学习的遥感图像分类关键技术研究[D]. 长沙:国防科学技术大学, 2019.

[3] 陶翊婷. 基于深度学习的高空间分辨率遥感影像分类方法研究[D]. 武汉:武汉大学, 2019.

[4] LU Dengsheng, WENG Qihao. A survey of image classification methods and techniques for improving classification performance[J]. International journal of Remote sensing, 2007, 28(5): 823-870.

[5] RAWAT W, WANG Zenghui. Deep convolutional neural networks for image classification: A comprehensive review[J]. Neural computation, 2017, 29(9): 2352-2449.

[6] XU Yiping, HU Kaoning, TIAN Yan, et al. Classification of hyperspectral imagery using sift for spectral matching[C]//2008 Congress on Image and Signal Processing: volume 2. Sanya: IEEE, 2008: 704-708.

[7] CHENG Gong, HAN Junwei, LU Xiaoqiang. Remote sensing image scene classification: Benchmark and state of the art[J]. Proceedings of the IEEE, 2017, 105(10): 1865-1883.

[8] ZEILER M D, FERGUS R. Visualizing and understanding convolutional networks[C]//European conference on computer vision. Zurich: Springer,

2014：818-833.

[9] BAZI Y，BASHMAL L，RAHHAL M M A，et al. Vision transformers for remote sensing image classification[J]. Remote Sensing，2021，13(3)：516.

[10] DENG Jia，DONG Wei，SOCHER R，et al. Imagenet：A large-scale hierarchical image database[C]//The IEEE/CVF Computer Vision and Pattern Recognition Conference. Miami：IEEE，2009：248-255.

[11] FU Kun，ZHANG Tengfei，ZHANG Yue，et al. Few-shot sar target classification via metalearning[J]. IEEE Transactions on Geoscience and Remote Sensing，2021，60：1-14.

[12] OLIVEAU Q，SAHBI H. Learning attribute representations for remote sensing ship category classification[J]. IEEE Journal of Selected Topics in Applied Earth Observations and Remote Sensing，2017，10(6)：2830-2840.

[13] 360doc. 2020 美军现役所有战斗机型号详细解读[EB/OL].(2022-04-27)[2024-05-09]. http://www.360doc.com/content/22/0427/16/39305010_1028571735.shtml.

[14] XU Wenjia，WANG Jiuniu，WANG Yang，et al. Where is the model looking at? -concentrate and explain the network attention[J]. IEEE Journal of Selected Topics in Signal Processing，2020，14(3)：506-516.

[15] 周勇，陈思霖，赵佳琦，等. 基于弱语义注意力的遥感图像可解释目标检测[J]. 电子学报，2021，49(4)：11.

[16] PATTERSON G，XU Chen，SU Hang，et al. The sun attribute database：Beyond categories for deeper scene understanding[J]. IJCV，2014，108(1-2)：59-81.

[17] 刘明霞. 属性学习若干重要问题的研究及应用[D]. 南京：南京航空航天大学，2015.

[18] XIAN Yongqin，LAMPERT C H，SCHIELE B，et al. Zero-shot learning-a comprehensive evaluation of the good，the bad and the ugly[J]. TPAMI，2019,41(9)：2251-2265.

[19] FU Kun，DAI Wei，ZHANG Yue，et al. Multicam：Multiple class activation mapping for aircraft recognition in remote sensing images[J]. Remote Sensing，2019，11(5)：544.

[20] YANG Xin，SONG Xuemeng，FENG Fuli，et al. Attribute-wise explainable fashion compatibility modeling[J]. ACM Transactions on Multimedia Computing，Communications，and Applications(TOMM)，

2021, 17(1): 1-21.

[21] FERRARI V, ZISSERMAN A. Learning visual attributes[C]//Advances in neural information processing systems. Vancouver: MIT Press, 2007: 433-440.

[22] KOVASHKA A, PARIKH D, GRAUMAN K. Whittlesearch: Interactive image search with relative attribute feedback[J]. International Journal of Computer Vision, 2015, 115(2): 185-210.

[23] HENDRICKS L A, AKATA Z, ROHRBACH M, et al. Generating visual explanations[C]//European Conference on Computer Vision. Amsterdam: Springer, 2016: 3-19.

[24] LAFFONT P Y, RENZhile, TAO Xiaofeng, et al. Transient attributes for high-level understanding and editing of outdoor scenes[J]. ACM Transactions on graphics(TOG), 2014, 33(4): 1-11.

[25] NGUYEN TT, NGUYEN Q V H, NGUYEN C M, et al. Deep learning for deepfakes creation and detection: A survey[J]. Computer Vision Image Understanding, 2022, 223: 103525.

[26] SU Chi, ZHANG Shiliang, XING Junliang, et al. Deep attributes driven multi-camera person re-identification [C]//European conference on computer vision. Amsterdam: Springer, 2016: 475-491.

[27] CHEN Xiaodong, LIU Xinchen, LIU Wu, et al. Explainable person re-identification with attribute-guided metric distillation[C]//Proceedings of the IEEE/CVF International Conference on Computer Vision. ELECTR NETWORK: IEEE, 2021b: 11813-11822.

[28] DOUZE M, RAMISA A, SCHMID C. Combining attributes and fisher vectors for efficient image retrieval[C]//The IEEE/CVF Computer Vision and Pattern Recognition Conference. Colorado Springs: IEEE, 2011: 745-752.

[29] YANG Yong, WAN Weiguo, HUANG Shuying, et al. Remote sensing image fusion based on adaptive ihs and multiscale guided filter[J]. IEEE Access, 2016, 4: 4573-4582.

[30] YIN Jiadi, DONG Jinwei, HAMM N A, et al. Integrating remote sensing and geospatial big data for urban land use mapping: A review[J]. International Journal of Applied Earth Observation and Geoinformation, 2021, 103: 102514.

[31] LI Miao, ZANG Shuying, ZHANG Bing, et al. A review of remote

sensing image classification techniques: The role of spatio-contextual information[J]. European Journal of Remote Sensing, 2014, 47(1): 389-411.

[32] DIAKOGIANNIS F I, WALDNER F, CACCETTA P, et al. Resunet-a: A deep learning framework for semantic segmentation of remotely sensed data[J]. ISPRS Journal of Photogrammetry and Remote Sensing, 2020, 162: 94-114.

[33] GONG Peng, CHEN Bin, LI Xuecao, et al. Mapping essential urban land use categories in china(euluc-china): Preliminary results for 2018[J]. Science Bulletin, 2020,65(3): 182-187.

[34] LIU Kun, YU Shengtao, LIU Sidong. An improved inceptionv3 network for obscured ship classification in remote sensing images[J]. IEEE Journal of Selected Topics in Applied Earth Observations and Remote Sensing, 2020, 13: 4738-4747.

[35] WANG F. Fuzzy supervised classification of remote sensing images[J]. IEEE Transactions on geoscience and remote sensing, 1990, 28(2): 194-201.

[36] WOODCOCK C E, STRAHLER A H. The factor of scale in remote sensing[J]. Remote sensing of Environment, 1987, 21(3): 311-332.

[37] KRIZHEVSKY A, SUTSKEVER I, HINTON G E. Imagenet classification with deep convolutional neural networks[C]//Advances in neural information processing systems: volume 25. Lake Tahoe: MIT Press,2012: 1106-1114.

[38] HE Kaiming, ZHANG Xiangyu, REN Shaoqing, et al. Deep residual learning for image recognition[C]//The IEEE/CVF Computer Vision and Pattern Recognition Conference. Las Vegas:IEEE,2016:770-778.

[39] SONG Jia, GAO Shaohua, ZHU Yunqiang, et al. A survey of remote sensing image classification based on cnns[J]. Big earth data, 2019, 3(3): 232-254.

[40] HAMIDA A B, BENOIT A, LAMBERT P, et al. 3-d deep learning approach for remote sensing image classification[J]. IEEE Transactions on geoscience and remote sensing, 2018, 56(8): 4420-4434.

[41] MAGGIORI E, TARABALKA Y, CHARPIAT G, et al. Convolutional neural networks for large-scale remotesensing image classification[J]. IEEE Transactions on geoscience and remote sensing, 2016, 55(2):

645-657.

[42] ZHAO Qin, GUO Feng, ZU Xingshui, et al. An acoustic-based feature extraction method for the classification of moving vehicles in the wild[J]. IEEE Access, 2019, 7: 73666-73674.

[43] LI Chunxiao, WANG Dongmei, KONG Lingyun. Application of machine learning techniques in mineral classification for scanning electron microscopy-energy dispersive x-ray spectroscopy (sem-eds) images[J]. Journal of Petroleum Science and Engineering, 2021, 200: 108178.

[44] XIA Guisong, HU Jingwen, HU Fan, et al. Aid: A benchmark data set for performance evaluation of aerial scene classification [J]. IEEE Transactions on Geoscience and Remote Sensing, 2017, 55 (7): 3965-3981.

[45] ZHU Qiqi, ZHONG Yanfei, LIU Yiangpei, et al. A deep-local-global feature fusion framework for high spatial resolution imagery scene classification[J]. Remote Sensing, 2018, 10(4): 568.

[46] LI Xinghua, WANG Liyuan, CHENG Qing, et al. Cloud removal in remote sensing images using nonnegative matrix factorization and error correction[J]. ISPRS journal of photogrammetry and remote sensing, 2019, 148: 103-113.

[47] SUN Xian, WANG Peijin, YAN Zhiyuan, et al. Fair1m: A benchmark dataset for fine-grained object recognition in high-resolution remote sensing imagery [J]. ISPRS Journal of Photogrammetry and Remote Sensing, 2022, 184: 116-130.

[48] WU Zhize, WAN Shouhong, WANG Xiaofeng, et al. A benchmark data set for aircraft type recognition from remote sensing images[J]. Applied Soft Computing, 2020, 89: 106132.

[49] CHEN Chen, ZHOU Linbing, GUO Jianzhong, et al. Gabor-filtering-based completed local binary patterns for land-use scene classification [C]//2015 IEEE international conference on multimedia big data. Beijing: IEEE, 2015a: 324-329.

[50] TUERMER S, KURZ F, REINARTZ P, et al. Airborne vehicle detection in dense urban areas using hog features and disparity maps[J]. IEEE Journal of Selected Topics in Applied Earth Observations and Remote Sensing, 2013, 6(6): 2327-2337.

[51] YIN Jihao, LI Hui, JIA Xiuping. Crater detection based on gist features

[J]. IEEE Journal of selected topics in applied earth observations and remote sensing, 2014, 8(1): 23-29.

[52] ALI M, CLAUSI D. Using the canny edge detector for feature extraction and enhancement of remote sensing images[C]//IEEE 2001 International Geoscience and Remote Sensing Symposium. Sydney: IEEE, 2001: 2298-2300.

[53] RANCHIN T, WALD L. The wavelettransform for the analysis of remotely sensed images[J]. International Journal of Remote Sensing, 1993, 14(3): 615-619.

[54] ZHANG Yin, JIN Rong, ZHOU Zhihua. Understanding bag-of-words model: a statistical framework[J]. International Journal of Machine Learning and Cybernetics, 2010, 1(1): 43-52.

[55] GOODFELLOW I, POUGET-ABADIE J, MIRZA M, et al. Generative adversarial nets[C]//Advances in neural information processing systems: volume 27. Montreal:MIT Press,2014:2672-2680.

[56] KINGMA D P, WELLING M. Auto-encoding variational bayes[C]// ICLR. Banff: OpenReview. net, 2014.

[57] VASWANI A, SHAZEER N, PARMAR N, et al. Attention is all you need[C]//Advances in neural information processing systems. Long Beach: MIT Press,2017:5998-6008.

[58] LIU Xuan, CHI Mingmin, ZHANG Yunfeng, et al. Classifying high resolution remote sensing images by fine-tuned vgg deep networks[C]// IGARSS 2018-2018 IEEE International Geoscience and Remote Sensing Symposium. Valencia:IEEE, 2018b: 7137-7140.

[59] ZHU Hao, MA Mengru, MA Wenping, et al. A spatial-channel progressive fusion resnet for remote sensing classification[J]. Information Fusion, 2021, 70: 72-87.

[60] WEI Xiushen, SONG Yizhe, MAC AODHA O, et al. Fine-grained image analysis with deep learning: A survey[J]. IEEE Transactions on Pattern Analysis and Machine Intelligence, 2022,44(12): 8927-8948.

[61] LI Ying, ZHANG Haokui, XUE Xizhe, et al. Deep learning for remote sensing image classification: A survey[J]. Wiley Interdisciplinary Reviews: Data Mining and Knowledge Discovery, 2018, 8(6): e1264.

[62] SIMONYAN K, ZISSERMAN A. Very deep convolutional networks for large-scale image recognition[J]. arXiv preprint arXiv:1409.1556, 2014.

[63] IANDOLA F, MOSKEWICZ M, KARAYEV S, et al. Densenet: Implementing efficient convnet descriptor pyramids [J]. arXiv preprint arXiv: 1404.1869, 2014.

[64] DOSOVITSKIY A, BEYER L, KOLESNIKOV A, et al. An image is worth 16x16 words: Transformers for image recognition at scale [C]//ICLR. Vienna:OpenReview.net, 2021.

[65] FU Jianlong, ZHENG Heliang, MEI Tao. Look closer to see better: Recurrent attention convolutional neural network for fine-grained image recognition [C]//The IEEE/CVF Computer Vision and Pattern Recognition Conference. Honolulu:IEEE,2017: 4438-4446.

[66] SONG Kaitao, WEI Xiushen, SHU Xiangbo, et al. Bi-modal progressive mask attention for fine-grained recognition[J]. IEEE Transactions on Image Processing, 2020, 29: 7006-7018.

[67] HE Xiangteng, PENG Yuxin, ZHAO Junjie. Fast fine-grained image classification via weakly supervised discriminative localization[J]. IEEE Transactions on Circuits and Systems for Video Technology, 2018, 29(5): 1394-1407.

[68] CAI Weiwei, WEI Zhanguo. Remote sensing image classification based on a cross-attention mechanism and graph convolution [J/OL]. IEEE Geoscience and Remote Sensing Letters, 2022, 19: 1-5.

[69] LIN Daoyu, FU Kun, WANG Yang, et al. Marta gans: Unsupervised representation learning for remote sensing image classification[J/OL]. IEEE Geoscience and Remote Sensing Letters, 2017, 14(11): 2092-2096.

[70] XIAO Qi, LIU Bo, LI Zengyi, et al. Progressive data augmentation method for remote sensing ship image classification based on imaging simulation system and neural style transfer[J]. IEEE Journal of Selected Topics in Applied Earth Observations and Remote Sensing, 2021, 14: 9176-9186.

[71] WANG Wenning, LIU Xuebin, MOU Xuanqin. Data augmentation and spectral structure features for limited samples hyperspectral classification [J]. Remote Sensing, 2021, 13(4): 547.

[72] ZHANG Wei, CAO Yungang. A new data augmentation method of remote sensing dataset based on class activation map[C]//Journal of Physics: Conference Series: volume 1961. Guangzhou: IOP Publishing, 2021: 012023.

[73] CHEN Yushi, LI Chunyang, GHAMISI P, et al. Deep fusion of remote sensing data for accurate classification [J/OL]. IEEE Geoscience and Remote Sensing Letters, 2017, 14(8): 1253-1257.

[74] HONG Danfeng, GAO Lianru, YOKOYA N, et al. More diverse means better: Multimodal deep learning meets remote-sensing imagery classification[J]. IEEE Transactions on Geoscience and Remote Sensing, 2020, 59(5): 4340-4354.

[75] PASTORINO M, MONTALDO A, FRONDA L, et al. Multisensor and multiresolution remote sensing image classification through a causal hierarchical markov framework and decision tree ensembles[J]. Remote Sensing, 2021, 13(5): 849.

[76] WANG Yaqing, YAO Quanming, KWOK J T, et al. Generalizing from a few examples: A survey on few-shot learning [J]. ACM computing surveys(csur), 2020, 53(3): 1-34.

[77] MILLER E G, MATSAKIS N E, VIOLA P A. Learning from one example through shared densities on transforms [C]//The IEEE/CVF Computer Vision and Pattern Recognition Conference: volume 1. HiltonHead:IEEE, 2000: 1464-1471.

[78] SCHWARTZ E, KARLINSKY L, SHTOK J, et al. Delta-encoder: an effective sample synthesis method for few-shot object recognition[C]// Advances in Neural Information Processing Systems. Montréal: MIT Press,2018:2850-2860.

[79] PFISTER T, CHARLES J, ZISSERMAN A. Domain-adaptive discriminative one-shot learning of gestures [C]//European Conference on Computer Vision. Zurich:Springer, 2014: 814-829.

[80] GRANT E, FINN C, LEVINE S, et al. Recasting gradient-based meta-learning as hierarchical bayes [C]//ICLR. Vancouver: OpenReview. net, 2018.

[81] GAO Hang, SHOU Zheng, ZAREIAN A, et al. Low-shot learning via covariance-preserving adversarial augmentation networks [C]//Advances in Neural Information Processing Systems. Montreal: MIT Press, 2018: 983-993.

[82] ZHANG Yabin, TANG Hui, JIA Kui. Fine-grained visual categorization using meta-learning optimization with sample selection of auxiliary data [C]//European Conference on Computer Vision. Munich: Springer,2018:

233-248.

[83] MOTIIAN S, JONES Q, IRANMANESH S, et al. Few-shot adversarial domain adaptation [C]//Advances in neural information processing systems. Long Beach: MIT Press,2017: 6670-6680.

[84] LUO Zelun, ZOU Yuliang, HOFFMAN J, et al. Label efficient learning of transferable representations acrosss domains and tasks[C]//Advances in neural information processing systems: volume 30. Long Beach: MIT Press, 2017:165-177.

[85] SNELL J, SWERSKY K, ZEMEL R. Prototypical networks for few-shot learning[C]//Advances in neural information processing systems. Long Beach: MIT Press,2017: 4077-4087.

[86] FINN C, ABBEEL P, LEVINE S. Model-agnostic meta-learning for fast adaptation of deep networks [C]//ICML. Sydney: ACM, 2017a: 1126-1135.

[87] FINN C, XU K, LEVINE S. Probabilistic model-agnostic meta-learning [C]//Advances in neural information processing systems. Montreal:MIT Press, 2018: 9537-9548.

[88] GUI Liangyan, WANG Yuxiong, RAMANAN D, et al. Few-shot human motion prediction via meta-learning [C]//European Conference on Computer Vision. Munich: Springer, 2018: 432-450.

第2章

视觉信息认知计算与深度属性学习理论与方法

本章首先从人类视觉层次感知机制出发，讨论人类认知的三个层次以及计算机视觉信息认知的相应理论；然后介绍深度属性的定义与分类、获取途径、研究意义。

2.1 视觉信息认知计算理论

视觉是人类获取信息的重要途径，借鉴人类对视觉信息的处理方法来发展机器认知计算的能力是计算机视觉领域的重要研究课题[1]。从理论基础到应用研究，基于人工智能的计算机图像认知理论与人类视觉层次感知机制有着紧密的联系[2]。本节系统总结人类视觉层次感知机制和计算机对图像分类任务的认知机制的理论联系。

2.1.1 人类视觉层次感知机制

人脑具有感知、学习、识别、存储、推理、联想等功能，是最有效的生物智能系统之一[3]。研究表明，人类所获外界信息至少有80%是经视觉获得的[4]。视觉是通过外界一定波长的电磁波刺激感光器官，经由神经中枢的视觉处理区域进行编码分析后获得的主观感觉[5]。研究视知觉过程有助于科学家理解人类视觉感知系统的运作机理，并为智能系统的研发提供理论基础和思路。

从人类视觉系统接收外界环境的刺激，到产生相应的反应是一个复杂精巧的过程。当前神经生理学研究者认为，人类视觉处理过程服从感受野等级假设理论，认为视觉系统中神经细胞的感受野从低级到高级逐渐增大，所处理的特征也趋向复杂[5]。研究表明，人类视觉感知机制分为三个层次，分别是初级视觉表象、中级知觉组织和高级视觉认知[6]，如图2.1所示。

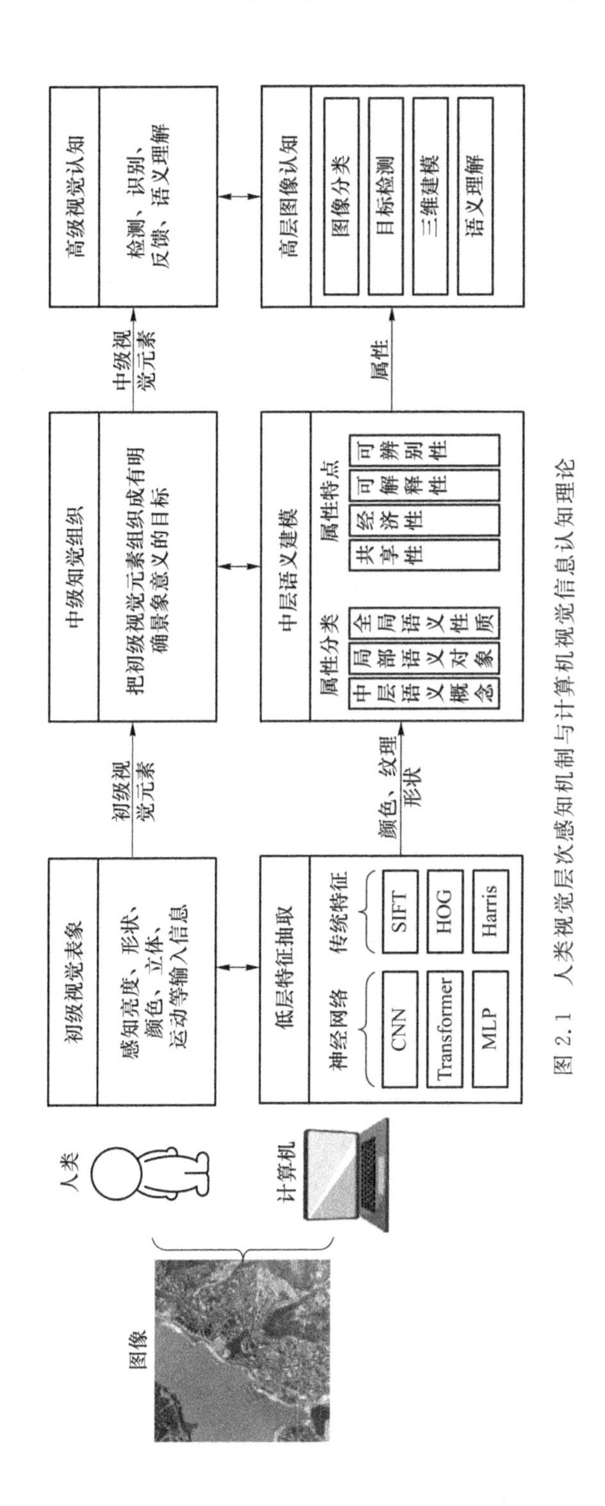

图 2.1 人类视觉层次感知机制与计算机视觉信息认知理论

(1) 初级视觉表象是指初级视觉皮层感受到的外界电磁波刺激,其主要结构包括视觉系统中的视网膜和初级视皮层[7]。视网膜中的视杆细胞和视锥细胞是两种具有不同功能的光感受器细胞。视杆细胞分布在视网膜周围,比视锥细胞对光线更敏感,主要用于在光线较弱条件下的夜视力[8]。视锥细胞分布在视网膜中心,是色觉和强光感受细胞,根据其对不同光线波长的响应可以分为蓝、绿、红视锥细胞,其形成的视觉信号复合后呈现了色彩缤纷的世界。视杆细胞和视锥细胞接收的光信号经由神经元处理后传递到初级视皮层(V1),其后被处理成初级视觉元素,如点、边缘、区域块等初级视觉元素[9]。

(2) 中级知觉组织的概念源于认知心理学,而格式塔心理学是认知心理学的代表性流派[10,11]。格式塔心理学家对知觉组织内在规律进行总结,认为知觉组织的核心目标是将初级表象编码的信息进行整合、简化、抽象,找到显著信息,并进一步将其组织成有明确景象意义的目标[12]。格式塔心理学家认为,人类能够快速完成物体识别、检索等高级视觉功能[10],其先决条件是人类存在视知觉组织能力,例如将点或边缘组合成轮廓,区分背景和前景,将前景分割成不同的目标,等等。

(3) 高级视觉认知系统根据中级知觉组织提供的信息,形成对场景中二维和三维结构的复杂表示,并根据目标完成识别、反馈、语义理解等任务[13]。

2.1.2 计算机视觉信息认知理论

图像理解是为了完成某一任务,从图像中获取信息的过程。受启发于人类视知觉研究的进展,图像理解可以被分为三个层次,大致对应于人类视觉层次感知机制中的三个层次,从低层的轮廓检测到中层的信息整合,再到高层的语义理解与场景描述[14]。相对应的图像理解层次主要分为低层的图像处理和特征抽取、中层的图像语义分析,以及高层的图像认知。随着计算机视觉的发展,图像理解任务有了更加多样的表现形式,不再局限于二维视觉的识别和检测以及三维视觉的重建,也增加了对视频的处理和视觉与自然语言的交互等。本书从图像理解中最为基础也最为根本的图像分类任务出发,阐述图像理解理论的表现形式。

(1) 与人类视觉层次中的初级视觉表象相对应的是低层的图像处理和特征抽取。低层特征是图像理解最基本的处理单元,在前深度学习时代,低层特征主要包括局部图像特征和图像纹理特征等。局部图像特征通过基于梯度的边缘检测子得到边缘的长度和曲率等信息;通过角点检测查找角点[15]并寻找局部近邻;通过颜色特征表述局部颜色分布;还可以通过 SIFT 特征[16]和 HOG 特征[17]描述近邻。SIFT 特征由一系列图像梯度直方图归一化后得到,表达梯度的幅值和方向,对图像的平移、旋转和尺度鲁棒。HOG 特征在网格中构建梯度值,只对近邻的梯度进行归一化,易于保留低对比度的边界。图像纹理特征主要采用局部滤波器获得。

随着深度学习算法的进步，低层图像特征的获取方式从手动设计的特征转向由损失函数控制的特征学习。主要的视觉特征获取方式有卷积神经网络[18]、Transformer[19]、多层感知机等[20]。

(2) 与人类视知觉层次中的中级知觉组织对应的是图像中层语义特征，在本书的研究框架下即属性[6]。人类视知觉系统中的中级知觉组织是视知觉中承上启下的基础功能，其输入是视皮层提供的点、边缘、区域块等初级视觉表象，其输出为高级视觉认知的语义理解、识别、检索等任务提供信息，能够从整体上归纳出对象的典型特征并加以抽象[13]。受启发于人类视知觉系统，计算机科学研究者开始尝试从人类认知的角度设计更为抽象、富含语义的特征表示，而属性就是这一过程的自然产物[21]。本书中的属性特指介于图像低层特征和高层类别之间的中层语义。

(3) 与人类视知觉层次中的高级视觉认知对应的是高层图像认知[22]，在本书的研究框架下即图像分类任务。图像分类任务可以分成两个步骤，首先从图像中抽取图像表示，也即图像特征；然后设计分类器，实现从图像特征到类别的映射[23]。早期的研究工作主要通过抽取低层图像特征，并利用有监督的机器学习算法(如 SVM、KNN、随机森林)对图像类别进行识别[24-26]。这种方法的理论基础是不同类别的图像可以根据其纹理、颜色分布、边缘角点等特征区分开来。然而低层图像特征对高层语义的表达能力较弱，其在复杂场景或目标的分类任务中效果不佳。

深度学习本身是黑盒计算，虽然部分神经元的效果可以通过后期可视化探知，但大部分神经元和计算都无法解释，因此导致深度学习的图像特征和高层语义之间仍存在"语义鸿沟"[27-29]。在具有大量训练样本、丰富算力、类别之间区别明显的理想训练场景下，深度学习模型可以通过数据学习的方式取得较好的效果[30,31]，然而这样的模型在处理细粒度图像分类(类别之间差距较小)、少样本分类(类别训练样本不足)等复杂场景时仍面临挑战。为了弥合深度神经网络抽取的图像特征与类别之间的语义鸿沟，以及应对复杂场景中的图像分类任务，研究者提出通过对图像类别进行语义建模，即学习图像类别的属性，来实现图像分类。融合深度属性学习的图像理解已经在零样本学习[32]、行人重识别[33]、交通安防[34]、服装检索[35]和时尚预测[36]等领域展现出巨大的潜力。

2.2 深度属性学习理论

本书主要针对深度神经网络，研究深度属性的学习、建模与挖掘。本节将详细地总结属性的定义与分类、属性的获取途径和属性的特点及研究意义。

2.2.1 属性的定义与分类

1. 属性的定义

按照 Merriam-Webster 词典[37]的定义，属性是归属于某人或某物的性质或特征。在计算机视觉领域，属性常作为图像中层语义的建模方法[38]。本书将属性定义为对目标对象视觉和语义信息的刻画，如物体的形状（如“正方形”“椭圆形”）、纹理（如“条纹”“斑点”）、颜色（如“红色”“蓝色”）；人类的性格、年龄、外貌；场景中的局部物体（如“树叶”“车轮”）、背景（如“海洋”“建筑”）、用途（如“商业”“工业”）等[39,40]。因此，属性是对低层图像特征的部分内容进行整合之后的中层语义，能够对后续在信息上的认知产生深远的影响。

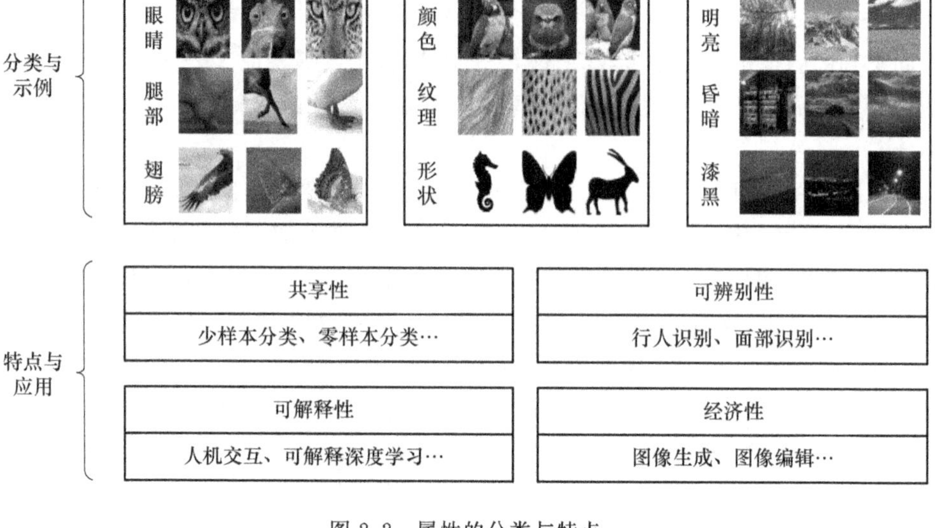

图 2.2 属性的分类与特点

2. 属性的分类

本书根据图像中层语义的相关研究工作[6,40,41]，将属性分类为中层语义概念、局部语义对象、全局语义性质三个类型，其示例如图 2.2 所示。需要注意的是，科学界没有统一的对属性进行分类的标准，且由于语义问题的复杂性，不同类别的属性可能会相互关联。①中层语义概念指的是对低层特征检测的颜色、形状、纹理的高度语义概括，如“红色”“长方形”“条纹”等[42]。②局部语义对象指的是图像中目标的局部构成或场景中的局部物体，如“草地”“建筑”“眼睛”“翅膀”等[43]。③全局语义性质是针对图像全局统计特征的描述和相关特征，如“明亮”“干净”“温暖”等[31]。

由于在不同任务中，界定类别的抽象层有所不同，因此类别、实例、属性等概念在不同抽象层可能是交织的[38]。目前通常用“类别”来形容在某一抽象层具有众多相同属性的目标的合集，而类别中的目标被称为实例[30]。例如，在基于像素的分类任务中，“道路”类别表征具有通行功能的区域，“建筑物”类别表征具有居住功能的区域。然而，当把任务由目标分类改为场景分类，“道路”和“建筑区”转而成为“居民区”这一场景类别的属性，描述了类别中实例所共有的中间层语义。此外，不同类型的属性可以组合出现，如“白色的翅膀”“木结构建筑”等。也正是由于属性的灵活性，才使其在描述类别时表达出丰富的中层语义信息。

2.2.2 属性的获取途径

属性的获取通常是以类别为单位的，即给定属性列表和类别列表，其中的元素一一对应。类别的属性值可以是连续的，也可以是离散的，2.2.3 小节将对此问题展开详细讨论。本节介绍属性的获取途径，主要可分为三类：人类标注、语料挖掘、和视觉挖掘。

(1) 人类标注属性。其过程通常分为两步：第一步基于类别的特性，依据属性的分类标准建立属性词库，这部分工作通常需要专家参与。例如，场景分类数据集 SUN[31] 的属性词库来自于人类标注者对每个类别的语义描述。描述中具有可辨别性的词语被按照场景的功能、材料、表面特性和空间特性分为 4 组，构成含有 102 个属性词汇的词库，如“砂石”“商业”等。而鸟类细粒度分类数据集 CUB-200-2011[43] 的属性词库来自专家知识。鸟类专家按照鸟类身体的 7 个部位划分，分别描述各部位的形状、颜色、纹理等特征，共收集了 312 个属性词汇，如“红色腹部”“斑点状翅膀”等。第二步为类别属性值的标注。针对每个属性，通常的标注过程为每个类别选择固定数量的图片，请标注者观察图片后标注属性。按照上述的方法或其变体，当前有大量工作为自然图像和遥感图像标注了属性[42,44-46]。例如 Lampert 等为 50 类哺乳动物标注了 85 维属性[42]，分别描述动物的外形、习性、栖息环境等特征；Li Yansheng 等为遥感场景标注了 59 维属性[47]，分别描述场景的颜色、形状、所含目标等特征。人类标注的属性在图像分类[48]、语义分割[49]、目标检测[50]、图像生成[51]、人脸识别[52]等各个领域展示效果。

(2) 语料挖掘属性。为了减少属性标注过程中使用的人工，有部分研究工作旨在从在线语料库中挖掘属性，并自动或半自动实现类别的属性值标注，这类属性被称为语料挖掘属性。这部分工作包括从大型语料库学习类别的词语嵌入，如 Word2Vec 嵌入[53]、glove 嵌入[54]等，还包括从类别知识图谱中抽取的类别语义表示[55,56]。最近,Qiao、Zhu、AI-Halah[57-59]提出从在线百科全书文章中为每个类别抽取可辨别性的属性描述,并利用属性和类别的语义关联性标注属性值。

(3) 视觉挖掘属性。本书提出从视觉空间挖掘属性,以增加属性的完备性和视觉可辨识性。视觉挖掘属性的方法主要是从图像低层特征中归纳类别实例所共享的属性特征[60],通过将局部图像特征按照其视觉相似度聚类形成视觉属性簇。这种视觉属性是低层图像特征的整合后得到的中层特征,研究表明这类属性既是语义的(人类可理解的)又是视觉的(机器可检测的)视觉的,并且能够完备地挖掘视觉空间里的所有属性,形成对人类标志的属性和语料挖掘属性的补充[21]。

尽管人类标注属性已经在众多任务中表现出优越性,但属性标注过程需要大量人力投入以及专家知识。自动语料挖掘的属性极大减少了人类标注属性所使用的成本,但该类属性可能无法反映视觉上的相似性,例如,飞机在语义上接近舰船,因为它们经常同时出现在语料中,然而在视觉两者并无太多共通之处[61]。虽然人工标注的属性和语料挖掘的属性能够反映出类别的语义信息,但其仍存在两点不足。首先,这类属性在视觉空间不完备,受限于人类对世界的认知局限,属性无法遍历视觉空间里的所有特征,因此视觉空间中一些具有辨别性的特征可能无法被属性捕捉[21]。此外,语义空间和视觉空间存在域偏移,部分属性可能无法被机器从直接图像中感知,如"令人愉悦的""恐怖"等非视觉属性[62]。因此,上述两种属性在深度学习模型中的应用受到部分限制。

2.2.3 属性的特点及研究意义

属性作为承接低层特征和高层类别的中间语义[38],有如下优点。

(1) 共享性。属性的共享性体现在两个方面[21]。一方面,某类别中的属性往往被部分或全部实例共享,如"居民区"类别中的所有实例共享"建筑物"这一属性,大部分实例共享"道路"属性和"绿植"属性[31]。另一方面,类别之间往往共享部分属性,如"居民区"和"学校"两个类别共享"建筑物""绿植"等属性[63]。在分类任务中,类别标签通常为 one-hot 标签,即类别之间相互独立没有联系[18]。而属性的共享性打破了类别之间的阻隔,使得知识在类别间的转移和推广成为可能。

(2) 经济性。属性标签的获取相比于图像标签的获取更加经济可行。对属性的标注往往以类别为单位(这也是本书重点研究的属性标注),每个类别标注其相应的属性即可[64];而图像标签需要遍历类别中成百上千的实例[48]。属性的经济性也大大提高了其推广到众多任务中的可能性。

(3) 可解释性。与图像低层特征相比,属性具有丰富的语义含义,并且能够同时被人类和机器所理解[60]。一方面,属性的引入弥补了图像的高层类别和低层特征之间的语义鸿沟[23]。另一方面,在深度学习模型中引入属性的学习和建模,能够加强网络中间特征的可解释性，促进人类理解网络的运作、推动更高级的人机交互方式[65]。

(4) 可辨别性。由于属性描述了类别中实例的语义特征，属性的集合往往具有很强的可辨别性，即根据属性将不同类别区分开的能力[66]。尤其当类别之间的差异性较小时(通常被称为细粒度分类，fine-grained classification)，类别的低层图像特征往往十分相似。而属性带有人类/专家知识，能够迅速指出两种细粒度类别的区分[34]。

综上所述，尽管深度学习模型在具有大量训练样本、丰富算力、类别之间区别明显的理想的训练场景下，可以通过对数据的学习取得较好的效果，然而这样的模型在处理细粒度图像分类(类别之间差距较小)、少样本分类(类别训练样本不足)等复杂场景时往往效果不佳。而在深度学习模型中引入属性学习，具有以下重要的意义。

(1) 属性学习具有重要的理论研究价值。在过去的十年，深度学习端到端的学习方式在大数据的催化下具有明显的优势。然而，正如腾讯 AI Lab 实验室主任张正友所说[41]，最近几年，无论是视觉领域还是自然语言领域，数据的红利慢慢消失，新的突破往往来自在神经网络结构内部加入对领域的深入理解。属性作为低层特征和高层类别的桥梁，与人类视知觉过程相匹配，研究深度学习框架下的属性学习，将视觉感知和计算机信息处理相结合，有助于深入推动视觉信息认知计算理论的进步，相关计算机算法也有着广阔的应用前景。

(2) 属性学习模型可用于解决数据信息不充足的应用问题[67-70]。深度学习模型的训练和收敛往往需要大量的训练数据，然而自然界中数据信息不充足的情况十分常见，数据信息不充足会导致细粒度、少样本等复杂的分类情况。一方面，在高层类别差距较小时，类别间的低层图像特征中会有大量信息重合，仅有少量特征表现出类别差异，且这部分特征难以通过数据对比被发现。相关的场景包括细粒度的军事目标分类、场景识别等[70,71]。另一方面，自然界中的类别实例存在长尾问题，除较常见的少量类别外，其余大量类别往往不具备足够的训练数据[49,72]，如数量较少的珍稀动物、军事目标等。属性作为人类能够理解的中间层语义特征，能够较为精准地指出细粒度类别之间的差异，并且能够刻画样本较少类别的特征，从而将在充足类别中学到的视觉知识推广到信息不足的类别上[48]。

(3) 属性能够帮助人类理解深度学习模型，洞察和理解目标类别。不同于黑箱式的深度学习模型，引入属性学习后的模型在中层特征中引入人类可以理解的语义，能够在一定程度上解释模型的机理[48]，帮助人类理解深度学习模型的运行和决策。除传统的人为定义的属性外，从视觉数据中自动挖掘出的属性特征有利于发现人类不易感知的潜在属性语义，从而为人类深入理解目标类别提供有效途径[73]。

2.3 属性学习在深度学习中的应用

尽管深度学习模型已经在图像理解领域取得了显著进步，然而在处理少样本或细粒度等挑战性问题时，仍会面临底层特征与高层语义之间存在“语义鸿沟”的问题。属性是图像底层特征的概括和抽象，也是高层类别的特征描述。属性既能被人类理解，又能被计算机感知。得益于属性的共享性、可解释性和可辨别性，近年来基于属性的深度学习模型取得了长足进展，推动了自然图像理解、人机交互、图像生成等领域的发展。

(1) 得益于属性的共享性，深度学习模型可以将知识从具有大量实例的源类别转移至仅有少量样本的目标类别，弥补训练数据信息不足的问题。

属性学习提供了解决少样本、零样本分类问题的有效方法[74]。受启发于人类识别目标的过程，通过让深度学习模型在源类别中学习各种属性的视觉含义，可以在测试时根据属性识别目标类的样本[42]。如图 2.3 所示，模型通过在熊猫和企鹅类别中学习属性“黑白相间”的视觉含义、在老虎和鬣狗中学习“条纹”的视觉含义、在马和驴中学习“细长的腿”的视觉含义，就能够在没有见过斑马类别训练图片的情况下，通过类别属性识别图像。上述零样本分类思想被应用到图像分类[48,75]、语义分割[49]、目标检测[50]等多个领域并取得显著进步。文献[50]进一步提出利用属性生成样本，辅助少样本分类网络的训练。通过在生成对抗网络中根据类别属性生成样本这一方法，可大幅度提高模型对少样本类别的学习能力。属性作为类别之间知识传输的桥梁，在其中起到了关键的不可替代的作用。

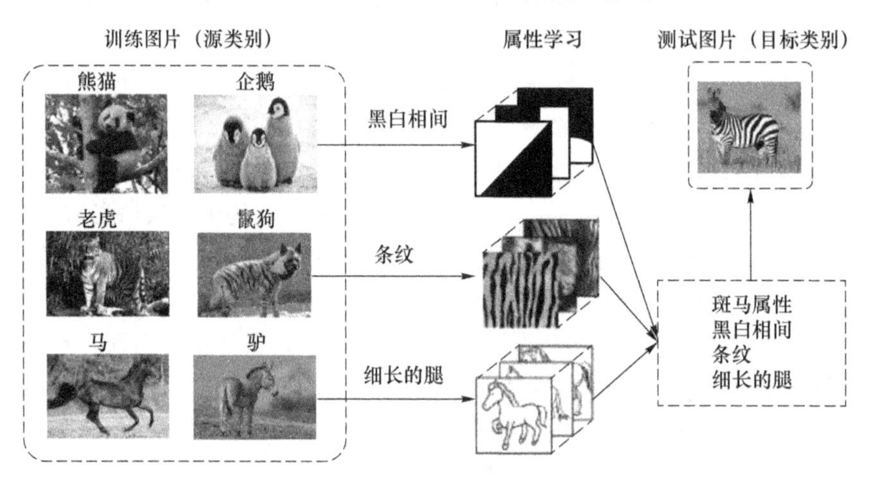

图 2.3　零样本分类解决思路

(2) 属性描述了类别的重要特征，蕴含关键辨别性信息，因此在自然图像的理解和识别中发挥重要作用[75]。

首先，属性能够大幅度提高人类相关识别任务的效果，如行人重识别、面部识别等。在交通安防领域的行人重识别任务中，相关工作利用属性改善跨摄像头行人视觉特征的匹配[33,67,76,77]。文献[34]指出，面部和服装属性的提取可以帮助系统根据体征描述寻找犯罪嫌疑人或失踪人群。研究还表明，将面部属性预测作为辅助任务能够大幅度提高面部检测的准确性[78,52]。为消除面部识别数据集中的种族偏见，文献[45]提出大规模平衡种族的面部识别数据集，并标注了性别、年龄、面部特征等属性，该研究为后续大量研究带来启发[45,79,80]。此外，属性也能够加强其他细粒度目标的识别精度。例如，属性能够帮助深度学习模型定位鸟类的关键性特征，识别超过200种细粒度的鸟类[81,82]。属性也在自然场景识别[31,83]、车辆分类[84]等众多任务中提供辨别性信息。

(3) 属性既是人类可理解的又是机器可检测的，可以为深度学习模型的决策提供解释，并成为有效的人机交互沟通渠道。

属性将高维的图像特征空间离散化为简单且易于解释的表示，可用于向人类解释机器决策[64,73,85]。Chen 等[33]提出一种属性引导的可解释行人重识别模型，通过生成属性度量蒸馏的注意力图，生成直观和有效的模型解释。Yang 等[73]提出一种属性感知的时尚推荐模型，通过比较两件时尚单品之间的属性表示来生成直观的解释。此外，属性已被用于细粒度类别的交互式识别[86]、主动学习[87]以及人机交互式图像搜索[88]。Alaniz 等[89]引入决策树式的人机交互分类模型，通过属性的分类进行可解释的类别标签预测。Christie 等[90]提出从模型的错误预测中学习预测用户的烦恼，并使用基于属性的表示来传递这种烦恼知识。Dhar 等[91]提出利用属性理解和预测照片的美感。更进一步，属性被广泛用于图像编辑[92]，以及在生成对抗网络中根据属性生成图像[93]。Men 等[94]提出一种属性控制的人物图像合成模型，可以依据人类属性(如姿势、服装)等实现灵活的图像生成。Ak 等[95]改进生成对抗网络，使其能够改变人类图片中的局部属性(允许用户将场景的属性调整为“下雪”或“日落”等)。在电子商务应用中，属性在改善服装检索[96]和时尚推荐[97]方面非常有效。

尽管属性学习在自然图像处理的多个领域取得了较好的效果，但其在遥感图像理解领域的研究仍然较少。赵福民[63]等开展了面向遥感图像分类的视觉属性迁移研究，旨在利用已有的自然图像领域属性解决遥感场景下的分类问题。针对遥感场景下类别实例获取难度大、成本高的问题，部分研究提出利用属性辅助遥感图像的零样本学习工作[98,99]。然而，由于自然图像和遥感图像的数据分布差异性较大，属性迁移的效果并不显著，这说明需要单独针对遥感图像进行属性学习研究。

2.4 本章小结

本章阐述了人类视觉层次感知机制，讨论了人类认知的三个层次，即初级视觉表象、中级知觉组织和高级视觉认知的具体形式；阐述了计算机对视觉信息认知的相关理论，包括神经网络和传统特征抽取的低层特征、以图像分类等高层语义为中心的高层图像认知，并引出作为中层语义建模的属性学习的重要性；详细阐述了属性的定义和分类标准、获取途径、特点和研究意义。

本章参考文献

[1] COX D D，DEAN T. Neural networks and neuroscience-inspired computer vision[J]. Current Biology，2014，24(18)：921-929.

[2] ULLMAN S. Using neuroscience to develop artificial intelligence[J]. Science，2019，363(6428)：692-693.

[3] LILLICRAP T P，SANTORO A，MARRIS L，et al. Backpropagation and the brain[J]. Nature Reviews Neuroscience，2020，21(6)：335-346.

[4] STONE J V. Vision and brain：How we perceive the world[M]. Cambridge，MA：MIT press，2012.

[5] CHALUPA L M，WERNER J S. The visual neurosciences，vols. 1 & 2[M]. Cambridge：MIT press，2004.

[6] 罗四维. 视觉信息认知计算理论[M]. 北京：科学出版社，2010.

[7] CONWAY B R，CHATTERJEE S，FIELD G D，et al. Advances in color science：from retina to behavior[J]. Journal of Neuroscience，2010，30(45)：14955-14963.

[8] RIEKE F，BAYLOR D A. Single-photon detection by rod cells of the retina[J]. Reviews of Modern Physics，1998，70(3)：1027.

[9] TOOTELL R B，HADJIKHANI N K，VANDUFFEL W，et al. Functional analysis of primary visual cortex(v1) in humans[J]. Proceedings of the National Academy of Sciences，1998，95(3)：811-817.

[10] KOHLER W. The task of gestalt psychology[M]. Princeton：Princeton University Press，2015.

[11] MADDOX S A，HARTMANN J，ROSS R A，et al. Deconstructing the

gestalt: mechanisms of fear, threat, and trauma memory encoding[J]. Neuron, 2019, 102(1): 60-74.

[12] KOFFKA K. Principles of gestalt psychology[M]. London:Routledge, 2013.

[13] REGAN D. Human perception of objects[M]. Sunderland, MA: Sinauer, 2000.

[14] DAVID A, JEAN P. 计算机视觉——一种现代方法[M]. 2 版. 北京:电子工业出版社,2017.

[15] CHEN Jie, ZOU Lihua, ZHANG Juan, et al. The comparison and application of corner detection algorithms. [J]. Journal of multimedia, 2009, 4(6):435-441.

[16] LOWE D G. Distinctive image features from scale-invariant keypoints[J]. International journal of computer vision, 2004, 60(2): 91-110.

[17] DALAL N, TRIGGS B. Histograms of oriented gradients for human detection[C]//2005 IEEE computer society conference on computer vision and pattern recognition: volume1. San Diego:Ieee, 2005: 886-893.

[18] HE Kaiming, ZHANG Xiangyu, REN Shaoqing, et al. Deep residual learning for image recognition[C]//The IEEE/CVF Computer Vision and Pattern Recognition Conference. Las Vegas:IEEE,2016:770-778.

[19] VASWANI A, SHAZEER N, PARMAR N, et al. Attention is all you need[C]//Advances in neural information processing systems. Long Beach: MIT Press,2017:5998-6008.

[20] TOLSTIKHIN I O, HOULSBY N, KOLESNIKOV A, et al. Mlp-mixer: An all-mlp architecture for vision[C]//Advances in Neural Information Processing Systems: volume 34. ELECTR NETWORK: MIT Press, 2021:24261-24272.

[21] FERRARI V, ZISSERMAN A. Learning visual attributes[C]//Advances in neural information processing systems. Vancouver: MIT Press,2007: 433-440.

[22] BECK M R, SCARLATA C, FORTSON L F, et al. Integrating human and machine intelligence in galaxy morphology classification tasks[J]. Monthly Notices of the Royal Astronomical Society, 2018, 476(4): 5516-5534.

[23] XU Yiping, HU Kaoning, TIAN Yan, et al. Classification of hyperspectral imagery using sift for spectral matching[C]//2008 Congress on Image and

Signal Processing: volume 2. Sanya: IEEE, 2008: 704-708.

[24] PISNER D A, SCHNYER D M. Machine learning[M]. Amsterdam: Elsevier, 2020.

[25] PETERSON L E. K-nearest neighbor[J]. Scholarpedia, 2009, 4(2): 1883.

[26] PAL M. Random forest classifier for remote sensing classification[J]. International journal of remote sensing, 2005, 26(1): 217-222.

[27] ZEILER M D, FERGUS R. Visualizing and understanding convolutional networks[C]//European conference on computer vision. Zurich: Springer, 2014: 818-833.

[28] PETSIUK V, DAS A, SAENKO K. Rise: Randomized input sampling for explanation of black-box models [C]//BMVC. Newcastle: Springer, 2018:151.

[29] ZHOU Bolei, KHOSLA A, LAPEDRIZA A, et al. Learning deep features for discriminative localization[C]//The IEEE/CVF Computer Vision and Pattern Recognition Conference. Seattle:IEEE, 2016: 2921-2929.

[30] DENG Jia, DONG Wei, SOCHER R, et al. Imagenet: A large-scale hierarchical image database[C]//The IEEE/CVF Computer Vision and Pattern Recognition Conference. Miami:IEEE, 2009: 248-255.

[31] PATTERSON G, XU Chen, SU Hang, et al. The sun attribute database: Beyond categories for deeper scene understanding[J]. IJCV, 2014, 108(1-2): 59-81.

[32] XIAN Yongqin, LAMPERT C H, SCHIELE B, et al. Zero-shot learning-a comprehensive evaluation of the good, the bad and the ugly[J]. TPAMI, 2019,41(9): 2251-2265.

[33] CHEN Xiaodong, LIU Xinchen, LIU Wu, et al. Explainable person re-identification with attribute-guided metric distillation[C]//Proceedings of the IEEE/CVF International Conference on Computer Vision. ELECTR NETWORK:IEEE, 2021b: 11813-11822.

[34] FERIS R, BOBBITT R, BROWN L, et al. Attribute-based people search: Lessons learnt from a practical surveillance system[C]//Proceedings of International Conference on Multimedia Retrieval. Glasgow: ACM, 2014: 153-160.

[35] CHEN Qiang, HUANG Junshi, FERIS R, et al. Deep domain adaptation for describing people based on fine-grained clothing attributes[C]//The

IEEE/CVF Computer Vision and Pattern Recognition Conference. Boston: IEEE,2015b:5315-5324.

[36] AL-HALAH Z, STIEFELHAGEN R, GRAUMAN K. Fashion forward: Forecasting visual style in fashion[C]//International Conference on Computer Vision. Venice:IEEE,2017b:388-397.

[37] DICTIONARY M W. Merriam-webster[EB/OL]. (2014)[2022]. http://www. mw. com/home. htm.

[38] 刘明霞. 属性学习若干重要问题的研究及应用[D]. 南京:南京航空航天大学, 2015.

[39] 林庆, 程炜, 林涵阳, 等. 图像属性学习研究综述[J]. 软件导刊, 2016,15(3): 168-171.

[40] 胡德昆. 基于生物视觉感知机制的图像理解技术研究[D]. 成都:电子科技大学, 2012.

[41] MARR D. 视觉-对人类如何表示和处理视觉信息的计算研究[M]. 北京:电子工业出版社, 2022.

[42] LAMPERT C H, NICKISCH H, HARMELING S. Learning to detect unseen object classes by between-class attribute transfer[C]//The IEEE/CVF Computer Vision and Pattern Recognition Conference. Miami Beach: IEEE, 2009:951-958.

[43] WAH C, BRANSON S, WELINDER P, et al. The Caltech-UCSD Birds-200-2011 Dataset: CNS-TR-2011-001[R]. California Institute of Technology, 2011.

[44] GUO Sheng, HUANG Weilin, ZHANG Xiao, et al. The imaterialist fashion attribute dataset[C]//Proceedings of the IEEE/CVF International Conference on Computer Vision Workshops. Seoul:IEEE,2019:3113-3116.

[45] KÄRKKÄINEN K, JOO J. Fairface: Face attribute dataset for balanced race, gender, and age[C]//IEEE Workshop on Applications of Computer Vision(WACV). ELECTR NETWORK:IEEE,2021:1547-1557.

[46] LIU Ziwei, LUO Ping, WANG Xiaogang, et al. Deep learning face attributes in the wild[C]//International Conference on Computer Vision. Santiago:IEEE, 2015:3730-3738.

[47] LI Yansheng, KONG Deyu, ZHANG Yongjun, et al. Robust deep alignment network with remote sensing knowledge graph for zero-shot and generalized zero-shot remote sensing image scene classification[J]. ISPRS Journal of Photogrammetry and Remote Sensing, 2021, 179: 145-158.

[48] XU Wenjia, XIAN Yongqin, WANG Jiuniu, et al. Attribute prototype network for zero-shot learning[C]//Conference on Neural Information Processing Systems. virtual:MIT Press,2020b: 21969-21980.

[49] XIAN Yongqin, CHOUDHURY S, HE Yang, et al. Semantic projection network for zero-and few-label semantic segmentation[C]//The IEEE/CVF Computer Vision and Pattern Recognition Conference. Long Beach: IEEE,2019a: 8256-8265.

[50] TAN Chufeng, XU Xing, SHEN Fumin. A survey of zero shot detection: Methods and applications[J]. Cognitive Robotics, 2021, 1: 159-167.

[51] KARRAS T, LAINE S, AITTALA M, et al. Analyzing and improving the image quality of stylegan[C]//The IEEE/CVF Computer Vision and Pattern Recognition Conference. Seattle:IEEE,2020: 8110-8119.

[52] MASI I, WU Yue, HASSNER T, et al. Deep face recognition: A survey [C]//2018 31st SIBGRAPI conference on graphics, patterns and images (SIBGRAPI). Foz do Iguacu: IEEE, 2018: 471-478.

[53] MIKOLOV T, SUTSKEVER I, Chen K, et al. Distributed representations of words and phrases and their compositionality [C]//Conference on Neural Information Processing Systems. Lake Tahoe: MIT Press,2013: 3111-3119.

[54] PENNINGTON J, SOCHER R, MANNING C D. Glove: Global vectors for word representation[C]//EMNLP. Doha:ACL,2014: 1532-1543.

[55] WANG Xiaolong, YE Yufei, GUPTA A. Zero-shot recognition via semantic embeddings and knowledge graphs[C]//The IEEE/CVF Computer Vision and Pattern Recognition Conference. Salt Lake City:IEEE,2018a:6857-6866.

[56] KAMPFFMEYER M, CHEN Yinbo, LIANG Xiaodan, et al. Rethinking knowledge graph propagation for zero-shot learning[C]//The IEEE/CVF Computer Vision and Pattern Recognition Conference. Long Beach: IEEE2019:11479-11488.

[57] QIAO Ruizhi, LIU Lingqiao, SHEN Chunhua, et al. Less is more: zero-shot learning from online textual documents with noise suppression[C]// The IEEE/CVF Computer Vision and Pattern Recognition Conference. Seattle:IEEE,2016:2249-2257.

[58] ZHU Yizhe, ELHOSEINY M, LIU Bingchen, et al. A generative adversarial approach for zero-shot learning from noisy texts [C]//The IEEE/CVF Computer Vision and Pattern Recognition Conference. Salt Lake City: IEEE,

2018b:1004-1013.

[59] AL-HALAH Z, STIEFELHAGEN R. Automatic discovery, association estimation and learning of semantic attributes for a thousand categories [C]//The IEEE/CVF Computer Vision and Pattern Recognition Conference. Honolulu:IEEE, 2017a: 5112-5121.

[60] XU Wenjia, XIAN Yongqin, WANG Jiuniu, et al. Vgse: Visually-grounded semantic embeddings for zero-shot learning[C]//Proceedings of the IEEE/CVF International Conference on Computer Vision. New Orleans, LA:IEEE,2022:9306-9315.

[61] KOTTUR S, VEDANTAM R, MOURA J M, et al. Visual word2vec (vis-w2v): Learning visually grounded word embeddings using abstract scenes[C]//The IEEE/CVF Computer Vision and Pattern Recognition Conference. Seattle:IEEE, 2016: 4985-4994.

[62] JAYARAMAN D, SHA F, GRAUMAN K. Decorrelating semantic visual attributes by resisting the urge to share[C]//The IEEE/CVF Computer Vision and Pattern Recognition Conference. Columbus: IEEE, 2014: 1629-1636.

[63] 赵福民. 面向遥感图像分类的视觉属性迁移方法研究[D]. 长沙:国防科学技术大学, 2016.

[64] XU Wenjia, WANG Jiuniu, WANG Yang, et al. Where is the model looking at? -concentrate and explain the network attention[J]. IEEE Journal of Selected Topics in Signal Processing, 2020, 14(3): 506-516.

[65] VOISIN A, KRYLOV V A, MOSER G, et al. Supervised classification of multisensor and multiresolution remote sensing images with a hierarchical copula-based approach[J/OL]. IEEE Transactions on Geoscience and Remote Sensing, 2014, 52(6): 3346-3358.

[66] OLIVEAU Q, SAHBI H. Learning attribute representations for remote sensing ship category classification[J]. IEEE Journal of Selected Topics in Applied Earth Observations and Remote Sensing, 2017, 10(6): 2830-2840.

[67] DUAN K, PARIKH D, CRANDALL D, et al. Discovering localized attributes for fine-grained recognition[C]//The IEEE/CVF Computer Vision and Pattern Recognition Conference. Providence: IEEE, 2012a: 3474-3481.

[68] ZHANG Ning, PALURI M, RANZATO M, et al. Panda: Pose aligned networks for deep attribute modeling[C]//The IEEE/CVF Computer Vision and Pattern Recognition Conference. Columbus: IEEE, 2014: 1637-1644.

[69] HU Guosheng, HUA Yang, YUAN Yang, et al. Attribute-enhanced face recognition with neural tensor fusion networks [C]//International Conference on Computer Vision. Venice:IEEE,2017: 3744-3753.

[70] XIA Guisong, HU Jingwen, HU Fan, et al. Aid: A benchmark data set for performance evaluation of aerial scene classification[J]. IEEE Transactions on Geoscience and Remote Sensing, 2017, 55(7): 3965-3981.

[71] FU Kun, DAI Wei, ZHANG Yue, et al. Multicam: Multiple class activation mapping for aircraft recognition in remote sensing images[J]. Remote Sensing, 2019, 11(5): 544.

[72] FU Kun, ZHANG Tengfei, ZHANG Yue, et al. Few-shot sar target classification via metalearning[J]. IEEE Transactions on Geoscience and Remote Sensing, 2021, 60: 1-14.

[73] YANG Xin, SONG Xuemeng, FENG Fuli, et al. Attribute-wise explainable fashion compatibility modeling[J]. ACM Transactions on Multimedia Computing, Communications, and Applications (TOMM), 2021, 17(1): 1-21.

[74] AKATA Z, PERRONNIN F, HARCHAOUI Z, et al. Label-embedding for image classification[J]. IEEE Transactions on Pattern Analysis and Machine Intelligence, 2015, 38(7):449.

[75] XIAN Yongqin, SHARMA S, SCHIELE B, et al. f-vaegan-d2: A feature generating framework for any-shot learning[C]//The IEEE/CVF Computer Vision and Pattern Recognition Conference. Long Beach: IEEE, 2019c: 10267-10276.

[76] SU Chi, ZHANG Shiliang, XING Junliang, et al. Deep attributes driven multi-camera person re-identification [C]//European conference on computer vision. Amsterdam:Springer, 2016: 475-491.

[77] SUN Yifan, ZHENG Liang, YANG Yi, et al. Beyond part models: Person retrieval with refined part pooling (and a strong convolutional baseline) [C]//European Conference on Computer Vision. Munich: Springer, 2018:501-518.

[78] YANG Shuo, LUO Ping, LOY C C, et al. From facial parts responses to face detection: A deep learning approach[C]//Proceedings of the IEEE international conference on computer vision. Santiago: IEEE, 2015: 3676-3684.

[79] NIE Weili, KARRAS T, GARG A, et al. Semi-supervised stylegan for disentanglement learning [C]//International Conference on Machine Learning. Virtual Event: ACM, 2020: 7360-7369.

[80] BALAKRISHNAN G, XIONG Yuanjun, XIA Wei, et al. Deep Learning-Based Face Analytics[M]. Berlin:Springer, 2021.

[81] HAN Kai, GUO Jianyuan, ZHANG Chao, et al. Attribute-aware attention model for fine-grained representation learning[C]//Proceedings of the 26th ACM international conference on Multimedia. Seoul: ACM, 2018: 2040-2048.

[82] ZHANG Ning, FARRELL R, IANDOLA F, et al. Deformable part descriptors for fine-grained recognition and attribute prediction [C]// Proceedings of the IEEE International Conference on Computer Vision. Sydney:IEEE, 2013: 729-736.

[83] LIU Fang, ZOU Changqing, DENG Xiaoming, et al. Scenesketcher: Fine-grained image retrieval with scene sketches [C]//European Conference on Computer Vision. Glasgow:Springer, 2020a: 718-734.

[84] SILVA B, BARBOSA-ANDA F R, BATISTA J. Multi-view fine-grained vehicle classification with multi-loss learning[C]//2021 IEEE International Conference on Autonomous Robot Systems and Competitions(ICARSC). ELECTR NETWORK:IEEE, 2021: 209-214.

[85] HENDRICKS L A, AKATA Z, ROHRBACH M, et al. Generating visual explanations[C]//European Conference on Computer Vision. Amsterdam: Springer, 2016: 3-19.

[86] BRANSON S, WAH C, SCHROFF F, et al. Visual recognition with humans in the loop [C]//European Conference on Computer Vision. Heraklion: Springer, 2010: 438-451.

[87] KOVASHKA A, VIJAYANARASIMHAN S, GRAUMAN K. Actively selecting annotations among objects and attributes[C]//2011 International Conference on Computer Vision. Barcelona: IEEE, 2011:1403-1410.

[88] KOVASHKA A, PARIKH D, GRAUMAN K. Whittlesearch: Interactive

image search with relative attribute feedback[J]. International Journal of Computer Vision, 2015, 115(2): 185-210.

[89] ALANIZ S, MARCOS D, SCHIELE B, et al. Learning decision trees recurrently through communication [C]//The IEEE/CVF Computer Vision and Pattern Recognition Conference. ELECTR NETWORK:IEEE, 2021: 13518-13527.

[90] CHRISTIE G, PARKASH A, KROTHAPALLI U, et al. Predicting user annoyance using visual attributes[C]//The IEEE/CVF Computer Vision and Pattern Recognition Conference. Columbus:IEEE,2014:3630-3637.

[91] DHAR S, ORDONEZ V, BERG T L. High level describable attributes for predicting aesthetics and interestingness [C]//The IEEE/CVF Computer Vision and Pattern Recognition Conference. Colorado Springs: IEEE, 2011: 1657-1664.

[92] LAFFONT P Y, REN Zhile, TAO Xiaofeng, et al. Transient attributes for high-level understanding and editing of outdoor scenes[J]. ACM Transactions on graphics(TOG), 2014, 33(4): 1-11.

[93] YAN Xinchen, YANG Jimei, SOHN K, et al. Attribute2image: Conditional image generation from visual attributes [C]//European conference on computer vision. Amsterdam:Springer, 2016: 776-791.

[94] MEN Yifang, MAO Yiming, JIANG Yuning, et al. Controllable person image synthesis with attribute-decomposed gan [C]//The IEEE/CVF Computer Vision and Pattern Recognition Conference. ELECTR NETWORK:IEEE,2020: 5084-5093.

[95] AK K E, LIM J H, THAM J Y, et al. Attribute manipulation generative adversarial networks for fashion images[C]//Proceedings of the IEEE/CVF International Conference on Computer Vision. Seoul: IEEE, 2019: 10541-10550.

[96] DOUZE M, RAMISA A, SCHMID C. Combining attributes and fisher vectors for efficient image retrieval[C]//The IEEE/CVF Computer Vision and Pattern Recognition Conference. Colorado Springs: IEEE, 2011: 745-752.

[97] YANG Xun, HE Xiangnan, WANG Xiang, et al. Interpretable fashion matching with rich attributes[C]//ACM SIGIR. Paris: ACM, 2019b: 775-784.

[98] LI Yansheng, KONG Deyu, ZHANG Yongjun, et al. Representation learning of remote sensing knowledge graph for zero-shot remote sensing image scene classification[C]//2021 IEEE International Geoscience and Remote Sensing Symposium IGARSS. Brussels: IEEE, 2021b: 1351-1354.

[99] LI Yansheng, ZHU Zhihui, YU Jingang, et al. Learning deep cross-modal embedding networks for zero-shot remote sensing image scene classification[J]. IEEE Transactions on Geoscience and Remote Sensing, 2021, 59(12): 10590-10603.

第3章
基于属性学习预测的细粒度遥感目标分类

3.1 引　　言

光学遥感图像能够探测到丰富的地物目标，包括但不限于海岸港口、飞行器、舰船等，这些小型遥感目标在空域和海域的安全和军事侦察等方面具有非常重要的意义[1,2]。尽管深度学习模型在众多图像分类任务中取得了较好的效果，然而在小型遥感目标的识别任务中仍存在细粒度分类的问题[3,4]。该任务不仅要求识别目标的大类，如飞机、装甲车等，还需对繁多的子类进行识别，例如遥感飞机目标可以分为战斗机、加油机、预警机、运输机等，而战斗机类目下又可细分为多种不同型号。这些子类（如机翼形状、发动机个数、弦占比等）视觉差异较小、结构相似，主要差异集中在局部形状、纹理和颜色等属性特征中，这给高精度目标识别任务带来了极大的困难（图像示例如图 3.1 所示）。遥感图像的背景环境往往比较复杂，如何引导深度学习模型关注目标本身并忽略复杂的背景信息也是目前亟待解决的问题。

图 3.1 的彩图

此外，尽管深度学习性能优越，但其复杂的网络结构导致其缺

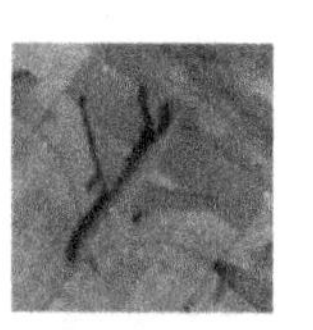

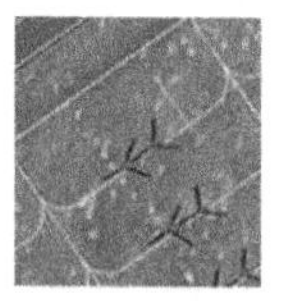

An-12运输机　P-3海上巡逻机　C-5运输机　KC-10加油机　Tu-95轰炸机　CH-47直升机

图 3.1　遥感飞机目标的部分子类

乏可解释性，不同于传统的决策树模型，每一步计算都有明确的概率统计，神经网络拥有数以万计的参数，其决策结果无法透明公开。因此，模型无法解释决策原

因,也难以解释错误预测结果。在一些重要任务(如军事目标识别)中亟须构建可解释、可采信的深度学习模型。

人类在识别图像时,会将目标类别映射到属性空间中,然后用最具辨别力的属性对图像进行分类。受启发于人类的决策过程,本书提出可解释的基于属性学习预测的多任务模型(Explainable Attribute-based Multi-Task Framework, EAT)进行光学遥感目标细粒度分类。本书通过结合类别预测和属性预测,引导深度学习模型将注意力集中在前景物体而非背景信息上,为细粒度分类提供关键视觉依据。此外,由于属性具有可解释性,为了向用户解释模型做出决策,本书提出利用属性反映网络决策过程。通过计算每个预测属性对模型结果的重要性,并筛选具有较大影响的属性构成模型决策的解释,提高模型解释性和可采信度。

本节的主要贡献总结如下:

(1) 提出了一种融合深度属性学习的多任务模型,该模型将属性预测与类别预测相结合,能够提供极具判别性信息帮助模型进行细粒度图像分类。同时,属性预测模块的引入有助于网络忽略背景,关注图像前景目标的细节信息。

(2) 提出了嵌入注意力推理模块,通过计算属性对类别预测过程的贡献,生成基于属性的语义解释。同时利用属性视觉注意力模块在图像上定位模型分类的属性信息,提供了文本-视觉组合的解释。

(3) 该模型可以集成在众多基础神经网络(如 AlexNet、ResNet)和细粒度识别网络(如 DFL)上。为了评估 EAT 模型的泛化性和有效性,本章在 3 个大规模图像分类数据集和 5 个基础神经网络上进行了大量细致的分析。量化结果表明多任务模型能够大幅度提高细粒度分类准确率,在细粒度遥感飞机分类任务中取得 93.23%的准确率,而且生成的文本-视觉多模态解释可以帮助用户更好地理解网络预测结果。

3.2 基于属性学习的可解释图像分类模型

本书内容安排如下,首先介绍本章问题定义,然后阐述多任务学习模型的框架,最后介绍基于属性生成语义解释和视觉解释的方法。

3.2.1 问题定义

本文研究典型的光学遥感图像分类问题,如图 3.2 所示,给定遥感图像 x,模型的任务是预测其类别 c。如图 3.2 所示,本章提出的多任务学习模型共分为 4 个部分。首先是基础的类别预测模块,该模块能够预测输入图像的类别标签。此外,多任务学习模型 EAT 中构建了两个附加模块，即属性预测模块和集成分类模块。属性预测模块预测每个属性的标签。集成分类模块则利用图像的属性标签和基础类别预测结果得到最终的类别预测结果。此外，为了利用属性解释深度学习模型的决策机理，本书提出基于嵌入注意力的推理模块。

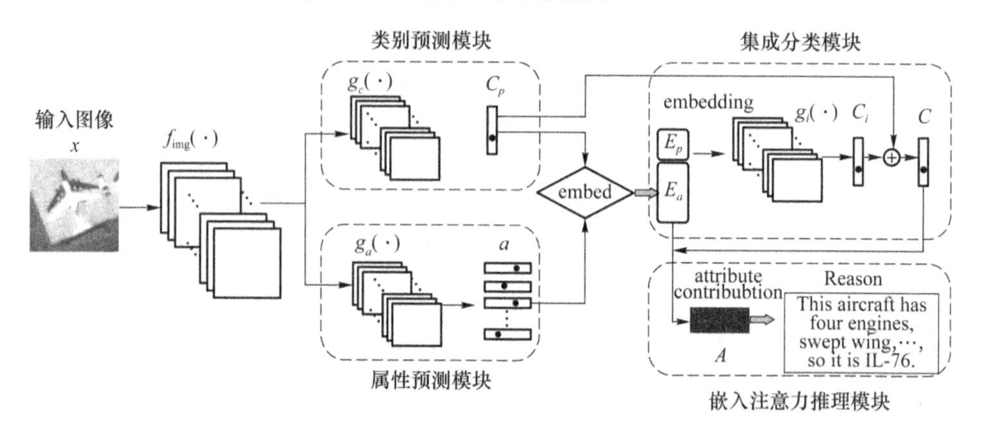

图 3.2　EAT 模型框架示意

3.2.2　类别预测模块

如图 3.2 所示，给定图像 x，原始类别预测模块旨在预测正确的类别 c_p。一个通用的端到端模型可以分为两部分——从输入图像中提取特征的特征提取网络 $f_{\text{img}}(\cdot)$ 和将特征映射到类别标签的决策层 $g_c(\cdot)$：

$$\begin{aligned} v_{\text{img}} &= f_{\text{img}}(x) \\ c_p &= g_c(v_{\text{img}}) \end{aligned} \tag{3.1}$$

其中：v_{img} 表示 $f_{\text{img}}(\cdot)$ 提取的图像特征；$c_p \in \mathbb{R}^{1\times N_c}$ 是原始类别预测模块的输出，N_c 表示图像类别的数量。需要注意的是，本章提出的模型具有通用性，其中特征提取网络 f_{img} 可以采用 AlexNet[5]、ResNet[6]、PnasNet5[7] 等基础神经网络和 DFL (discriminative filter learning)[8] 等细粒度分类网络。

3.2.3　属性预测模块

在属性预测模块中（图 3.2 中网络下路），EAT 模型将属性预测引入端到端模型，帮助网络专注于判别性位置信息。图像特征 v_{img} 被映射到类属性标签 a_i，$i \in [1, N_a]$：

$$a_i = g_a^i(v_{\text{img}}) \tag{3.2}$$

其中：a_i 表示第 i 个类属性的预测结果；g_a 为属性分类器，每个属性都有对应的分

类器 g_a^i。为简单起见,本书对 g_c 和 g_a^i 使用相同的结构。

在多任务学习模型中,原始类别预测模块和属性预测模块共享特征提取网络 $f_{\text{img}}(\cdot)$ 的参数。在这种情况下,两个模块的联合训练将有助于 $f_{\text{img}}(\cdot)$ 关注与这两个任务均相关的重要图像特征。由于图像背景无法为属性预测提供有效信息,属性预测模块重点关注前景,从而引导原始类别预测模块也重点关注前景物体。图 3.3 中第二列和第四列分别展示了 ResNet50 分类网络和本书提出的 EAT 模型的注意力图。在属性预测模块的帮助下,EAT 模型将神经网络的注意力从背景引导到对分类任务影响更大的前景目标及其细节信息上。

图 3.3 的彩图

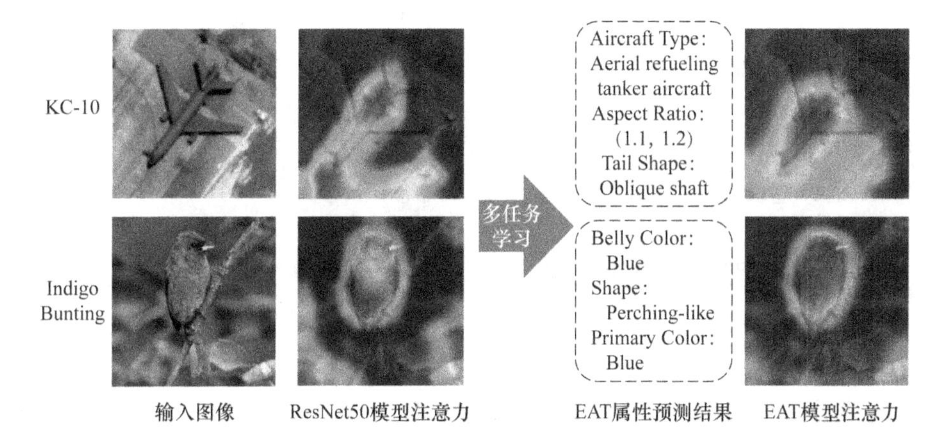

图 3.3 多任务学习提升模型注意力

3.2.4 集成分类模块

本节对集成分类模块进行详细的介绍,该模块集成类别预测模块和属性预测模块的结果,得到最终的模型决策。为了利用属性预测提取的重要位置信息,本节整合了属性 a 和类别 c_p 的预测结果,并将它们输入集成分类模块。由于属性预测结果和初始类别预测结果的维度不统一,首先通过将 a 和 c_p 的维度嵌入 D_e 维向量中来进行特征维度对齐:

$$E_a = \text{emb}_a(a)$$

$$E_p = \text{emb}_p(c_p) \tag{3.3}$$

其中,$E_a \in \mathbb{R}^{N_a \times D_e}$ 是属性嵌入,$E_p \in \mathbb{R}^{1 \times D_e}$ 是类别嵌入。然后,两种特征被拼接而得到集成嵌入 E:

$$E = [E_a ; E_p] \tag{3.4}$$

集成分类模块利用 CNN 分类器 $g_i(\cdot)$ 将集成嵌入 E 映射为图像类别标签:

$$c_i = g_i(E) \tag{3.5}$$

最终的图像类别预测结果 c 为初始类别预测结果 c_p 和集成类别预测结果 c_i 的加权和：

$$c = \lambda \cdot c_p + \eta \cdot c_i \tag{3.6}$$

其中，λ 和 η 为控制属性预测对图像类别预测的影响程度的超参数。

本模型在训练过程中使用交叉熵 CE(·)作为目标函数，给定属性标签 A 和类别标签 y，交叉熵损失旨在最小化类别预测和属性预测的损失：

$$I_c = \mathrm{CE}(y, c)$$

$$I_a = \frac{1}{N_a} \sum_{j=1}^{N_a} \mathrm{CE}(A_j, a_i) \tag{3.7}$$

交叉熵损失和用下述公式表示：

$$\mathrm{CE}(\mathrm{gt}, p) = -\frac{1}{D} \sum_{i=1}^{D} \mathrm{gt}^{(i)} \lg p^{(i)} \tag{3.8}$$

其中，gt 是标签，p 是预测概率，D 表示 gt 和 p 的维度。

3.2.5 属性解释生成模块

本节详述模型对自身的决策做出语义和视觉解释的过程。

1. 基于嵌入注意力推理的语义解释生成

首先介绍如何利用嵌入注意力推理模块计算属性对于模型决策结果的影响，以及如何利用重要的属性生成解释。由于每个类别都有几十乃至数百个属性描述目标的所有特性，为了探索哪些属性对图像分类任务是必不可少的，本章提出计算属性对网络预测的贡献。由于梯度反映了网络训练的更新方向，对于网络预测结果有重要影响的特征会生成更大的梯度，因此嵌入注意力推理模块提出计算属性对于类别预测的梯度，通过梯度值排序得到属性贡献度排序，然后为网络决策生成基于属性的语义解释。

如图 3.2 所示，嵌入注意力推理模块将模型最终的预测结果 c 反向传播到属性嵌入 E_a 层，得到 c 在属性嵌入 E_a 层上的梯度：

$$W = \frac{\partial c}{\partial E_a} \tag{3.9}$$

其中，$W \in \mathbb{R}^{N_a \times D_e}$，$W$ 表示网络预测结果在属性嵌入层上的梯度。图 3.2 中右下角所示的蓝色星图为 W 的可视化结果，其中每一行 W_i 代表一个对应属性的梯度值向量。通过对 W_i 的进行累加可以得到第 i 个属性的贡献度分数：

$$s_i = \sum_{j=1}^{D_e} W_{ij} \tag{3.10}$$

由于贡献分数最高的属性对最终预测结果的贡献更大。如图 3.4 所示，"Four Engines""Swept Wing"等属性是帮助模型做出决策的最重要的因素。因此，本模型将关注贡献度最高的前 3 个属性总结为语义解释，以标识模型进行分类时的注意力所在。

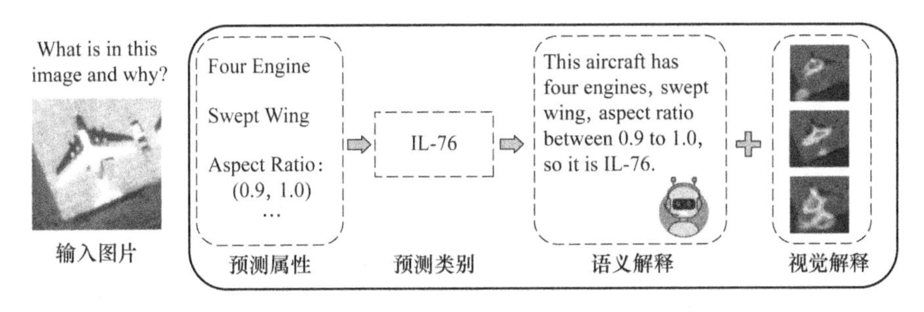

图 3.4 基于属性的语义和视觉解释

2. 基于梯度反传注意力的视觉解释生成

为生成模型预测每一个属性时的注意力图，本节使用视觉解释方法 Grad-CAM(gradient-weighted class activation mapping)[9]生成基于梯度加权的类别激活图。Grad-CAM 在众多评估方法中都表现出了最先进的注意力定位能力[9,10]，并且可以轻松应用于现有的卷积神经网络，如 AlexNet[5]和 ResNet[6]。

为生成注意力图，Grad-CAM 反向传播预测值的梯度，并将梯度反传回最后一个卷积层：

$$\alpha_k^c = \frac{1}{Z}\Sigma_i\Sigma_j\ \frac{\partial y^c}{\partial A_{ij}^k} \tag{3.11}$$

其中，每一层特征图的权重 α_c^k 是通过 y^c 在激活图 A^k 上的梯度计算得出的。注意力图 AT 是最后一个卷积层中所有特征图 A^k 的加权和：

$$\text{AT} = \text{ReLU}(\Sigma_k\alpha_c^k A^k) \tag{3.12}$$

表 3.1 本节所用数据集统计特性

数据集	CUB(Wah 等,2011)	SUN(Patterson 等,2014)	Aircraft-17(Fu 等,2019)
图片数量	11 788	14 340	1 945
类别总数	200	717	17
属性数量	312	102	24
属性示例	Bill Length Tail Pattern Belly Color Wing Shape	Running Dry Snow Leaves	Wing Shape Aspect Ratio Tail Type Engine Number

如图 3.4 所示，给定一张输入图片，EAT 模型首先预测前景对象的属性，然后根据预测得到的属性值对图像进行类别预测。通过计算属性对分类结果的贡献度，得出对模型决策影响最大的属性。这些具有辨别性的属性会构成模型分类的语义解释，而属性在图像上的注意力图会作为模型分类的视觉解释。

3.3 实验与分析

本节通过在 3 个数据集上执行图像分类任务，定量和定性地评估所提出的 EAT 模型。本节首先介绍实验所用的数据集、实验环境和评测指标，然后介绍 EAT 模型在提升模型注意力方面的效果和分类结果，最后展示 EAT 模型对决策生成的解释。

3.3.1 实验设置

1. 数据集

为了验证 EAT 模型的有效性，本书在 3 个细粒度识别数据集 Aircraft-17[11]、CUB[12] 和 SUN[13] 上进行了实验。表 3.1 中显示了 3 个数据集的统计信息和一些示例。

(1) Aircraft-17[11] 为遥感飞机分类数据集，包含来自 17 个类别的 1 945 张图像，示例如图 3.5 所示。图像采集自谷歌地球，分辨率从 15 cm 到 15 m 不等。本章为 Aircraft-17 数据集设计采集了属性。为了确定能够区分每个类别的属性，本章参考了《简氏航空器识别指南》[14] 以定义属性词汇表。确定属性词汇时，选择具有视觉可辨别性的属性，如飞机的机翼和尾翼的形状等，避免选取无法视觉识别的属性，如制造商和服役日期等。本节共为 17 个飞机类别标定 24 个属性，整个标定过程仅耗时 1 天。属性标签是一个大小为 17×24 的矩阵。本章仅使用类别属性，因此 1 个类别中的所有图像都持有相同的属性标签。表 3.1 中列举了 3 个数据集的部分属性。

(2) CUB[12] 是细粒度鸟类分类数据集，其中包含 200 个类别和 11 788 张图像。该数据集为 200 个类别提供 312 个属性。属性标签是一个大小为 200×312 的矩阵，描述每个类别鸟类身体各部位的特征。

(3) SUN[13] 为场景识别的数据集，由覆盖各种环境、场景、地点的图像组成。该数据集包含来自 717 个场景类别的 14 340 张图像，并为 717 个类别提供了 102 个属性。属性标签是一个大小为 717×102 的矩阵。

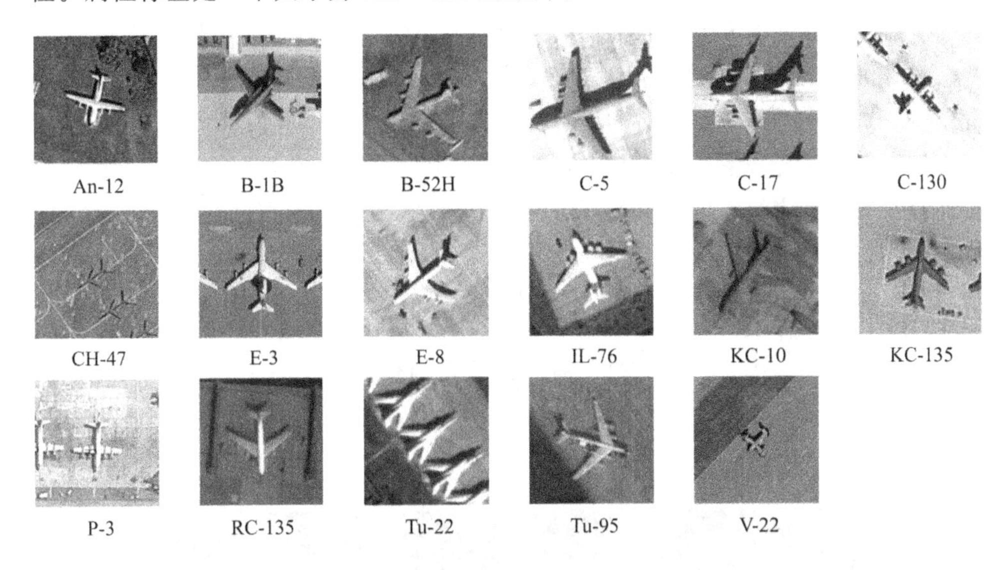

图 3.5 Aircraft-17 遥感飞机细粒度分类数据集图片示例

2. 实验环境

目前对于细粒度分类任务,已有大量相关工作提出多种技术来实现最先进的准确度,如注意力增强网络等[8,11,15,16]。由于本节主要任务不是最大限度提高识别精度,而是设计通用网络实现可解释的高精度的分类效果。因此,本章在 4 个常用神经网络模型上进行了实验,分别是 AlexNet[5]、ResNet18、和 ResNet50[6] 和 PnasNet[7]。为证明所提出 EAT 模型的泛化性能,本节也将 EAT 模型应用到细粒度分类网络 DFL[8,15] 上。类别分类器 g_c 和属性分类器 g_a 都是 4 层卷积神经网络结构,集成分类器 g_i 为 3 层卷积神经网络。λ 和 η 的取值为 0.5～1.5。EAT 模型使用 Pytorch[17] 实现,并使用两块 GTX 1080 显卡进行训练和测试。

3. 评价指标

1) 分类准确率

本节主要采用 Top-1 分类准确率来衡量模型在每个数据集上的效果。分类准确率为预测正确的样本数占总样本数的比例,其计算公式如下:

$$\mathrm{acc}_{\mathcal{Y}} = \frac{1}{\|\mathcal{Y}\|}\sum_{c=1}^{\|\mathcal{Y}\|}\frac{\#\,\text{correct predictions in c}}{\#\,\text{samples in c}} \tag{3.13}$$

2) 前景关注率

传统的衡量注意力图的方法大多为定性评估。为定性评估模型决策过程中对于前景图像的注意力,本节提出一个名为前景关注率(foreground attention rate,

FAR)的评价指标。给定前景目标的二进制掩码 M(如图 3.6 所示),其中覆盖前景目标的像素为 1,其他像素为 0。一种评估选项是直接累积落在对象掩码 $\Sigma \mathrm{AT} \odot M$ 中的注意力值。然而,一个无意义的注意力图会突出图像上的所有像素,包括对象和背景,似乎表现良好。此外,两个不同的模型可能会产生不同的注意力尺度,即注意力值为 0.5 的像素在一个模型中可能是必不可少的,但在另一个模型中并不重要。即使模型生成具有相似值范围的注意力图,值的均值和密度也可能不同。在这里,我们将前景关注率(FAR)定义为衡量注意力图集中度的准确指标。FAR 是前景对象和背景的平均注意力图值的比值:

$$\mathrm{FAR}=\frac{\mathrm{PI}(\mathrm{AT},M)}{\mathrm{PI}(\mathrm{AT},(1-M))} \tag{3.14}$$

其中,PI(AT,*)是前景对象(M)和背景($1-M$)的平均像素重要性,AT 是我们正在评估的注意力图。

图 3.6 CUB 数据集中前景图像的掩膜

PI(AT,M)计算如下:

$$\mathrm{PI}(\mathrm{AT},M)=\frac{|\mathrm{AT}\odot M|}{|M|} \tag{3.15}$$

其中,$\odot$表示逐元素乘法。

FAR 为来自不同模型的注意力图提供了准确和中立的评估。它不会受到注意力图的密度和规模的影响。较高的 FAR 表示网络更加关注对象像素。由于 Aircraft-17 数据集和 SUN 数据集不具有目标的前景掩码标注,本书使用 CUB 数据集评价 EAT 模型对前景目标的关注度。

3.3.2 实验结果与分析

本节将分别介绍 Aircraft-17 数据集、CUB 数据集和 SUN 数据集的实验结果。

1. Aircraft-17 数据集

1) 类别与属性预测定量分析

表 3.2 给出了模型类别预测的量化对比。实验结果表明,EAT 模型取得了较

好的分类效果，相比较于基础分类网络准确率有很大的提升。在细粒度遥感飞机分类数据集 Aircraft-17 上，EAT 模型能够提高各个基础分类网络的性能。例如，EAT 将 AlexNet 的性能从 85.43%提高到 86.96%，将 ResNet18、RenNet50 和 PnasNet5 的性能分别提高了 1.08%、0.94%和 1.07%。其中 PnasNet5+EAT 模型达到的准确率(93.23%)高于最先进的模型 FCFF(91.38%)和 SCFF(93.15%)。实验结果揭示了以下两点：首先，EAT 模型能够成功应用到众多分类网络上并提高它们的分类准确率，这表明本节所提出的方法具有较高的通用性和泛化性；其次，实验结果表明集合属性预测的多任务学习模型能够为主线任务——类别预测提供更多的信息，引导模型关注更加具有辨识性的图像区域，从而达到更好的类别分类效果。

表 3.2 Aircraft-17 数据集上不同方法的分类准确率

基础网络	基础准确率	EAT 模型准确率
AlexNet	85.43%	**86.96%**
ResNet18	89.87%	**90.18%**
ResNet50	91.64%	**92.58%**
PnasNet5	92.16%	**93.23%**
DFL	92.05%	**92.90%**

表 3.3 EAT 模型属性预测准确率

数据集/基础网络	AlexNet	ResNet18	ResNet50	PnasNet5	DFL
Aircraft-17	90.33%	92.32%	92.97%	93.46%	**95.51%**
CUB	89.21%	90.35%	91.15%	92.69%	**92.58%**
SUN	83.19%	83.87%	85.82%	**86.10%**	—

EAT 模型的属性预测准确率见表 3.3(第二行)。实验结果表明，Aircraft-17 数据集的属性预测准确率较高，在 DFL+EAT 模型上可达 95.51%，在 PnasNet5+EAT 模型上可达 93.46%。Aircraft-17 中的属性都可以从图像中判读，如形状、纹理等。所有属性预测准确率均达到 90.0%以上，实验结果证明了 EAT 模型在属性预测模块具有较高的准确性。

2) 模型注意力定性分析

为研究使用 EAT 模型后网络注意力的变化和提升，本节使用 Grad-CAM 方法生成网络用于进行类别预测的注意力图。图 3.7 分别展示了基础网络对于类别预测的注意力图和 EAT 模型的注意力图。观察基础网络在类别预测时的注意力图可见，虽然大部分注意力集中在前景物体上，但仍有相当一部分注意力落在背景上。例如，在对飞机进行分类时，飞机周围的背景，如跑道、停机坪等，都会影响模型的注意力。这种现象是由数据集偏差造成的模型过拟合，如数据集中几乎所有的飞机都伴随着它们的背景(如跑道)。引导网络关注于前景目标会使其更加稳定，不致受到背景分布变化的影响。由于在利用单个任务训练模型时，图像类别标签无法提供更多的判别信息来帮助模型避免过度拟合，因此模型利用背景作为图像分类的依据。与之相反的是，由于所有属性的背景信息都相同，而前景信息各有不同，在对属性进行预测时图像背景无法提供任何依据。因此，属性预测能够引导模型更加关注前景信息。在本节提出 EAT 模型中，图像类别预测和属性预测共享基础网络，因此联合训练能够帮助网络找到同时解决两个子任务的最佳方案。此外，用于多任务联合训练的网络不容易产生单任务上的过拟合现象。

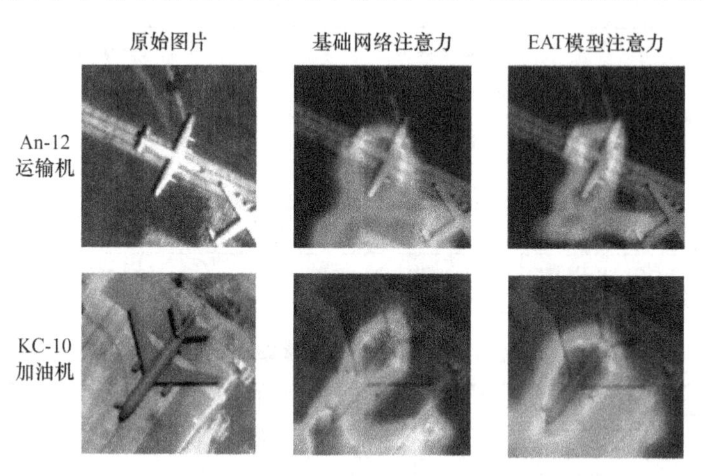

图 3.7 的彩图

图 3.7　Aircraft-17 类别预测注意力图

图 3.7 证明了以上理论。将解决单一任务(图像类别预测)的基础网络用于多任务训练的 EAT 模型后，网络对图像背景和边缘的注意力显著降低。与此同时，更多的网络注意力集中在前景物体的微妙差距上。例如，注意力准确地覆盖了飞机的机身和机翼。以上现象的发生是由于多任务训练共享的基础网络在训练过程中被同时更新，而属性预测有助于模型定位更具有辨别性的重要图像区域。

3）模型解释定性分析

除利用多任务学习提升模型注意力，从而提高类别预测效果外，EAT 模型的另一个主要功能是生成基于属性的解释，揭示模型的运行机理。本节展示了 EAT 模型为类别预测结果提供的语义解释和视觉解释，分析了模型对于正确和错误预测的解释，以揭示它们如何帮助用户理解和改进模型和数据。

EAT 模型根据属性对类别预测的贡献度将其进行排序，贡献度较高的属性蕴含着模型决策所需的重要依据。EAT 模型将贡献值最高的前 3 个属性汇总为文本解释，以表明哪些属性有助于模型做出决策。图 3.8 展示了对于飞机类别预测有重要影响的属性和基于属性的文本及视觉解释。从左到右，图中列出了原始图像、EAR 模块中贡献值高的属性的排名、类别预测的语义解释。例如，属性“后掠式机翼”对“KC-10”的预测影响较大，“四发动机”对“IL-76”的预测影响最大。

图 3.8 的彩图

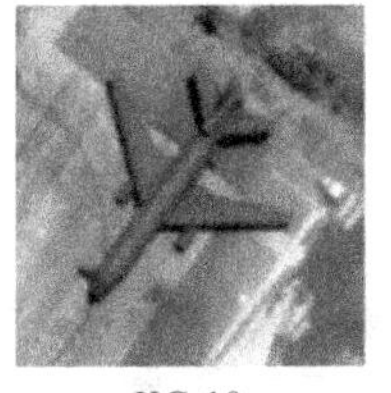

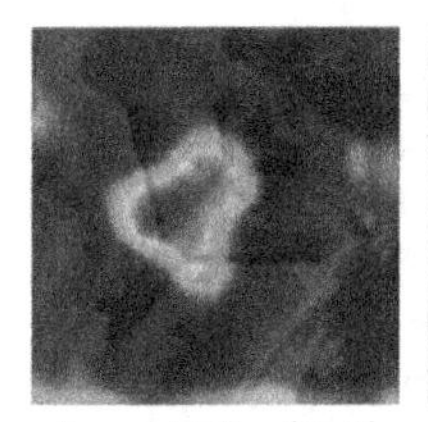

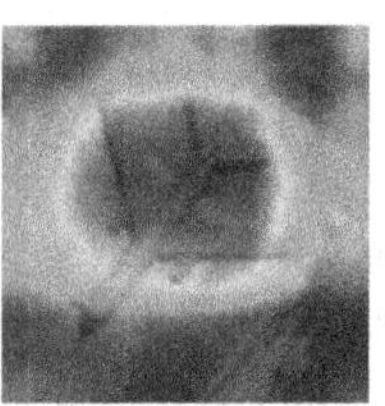

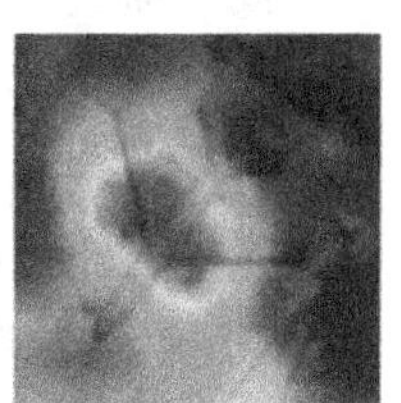

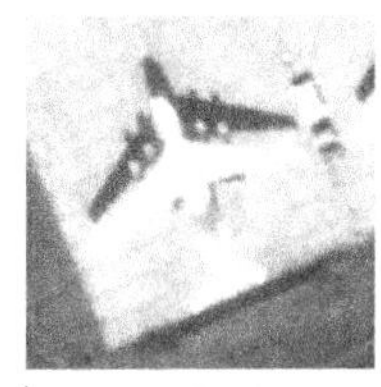

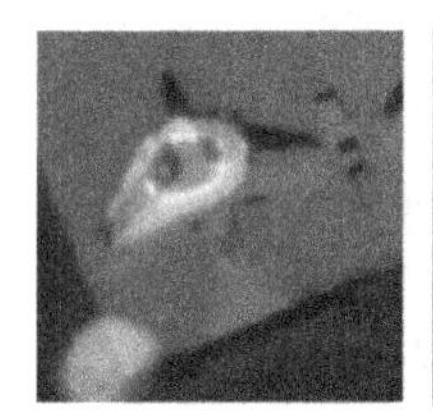

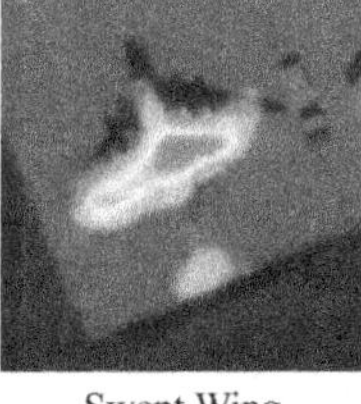

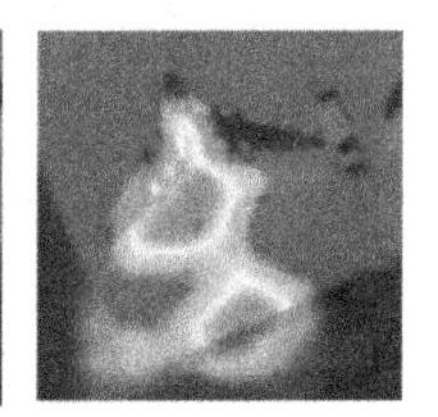

图 3.8 基于属性的语义解释和视觉解释(Aircraft-17 数据集)

模型也可使用视觉解释将属性在图中的位置与文字建立联系。属性注意力图突出显示了网络在对属性进行分类时所关注的图像区域。与类别预测的注意力图

(如图 3.6)相比,属性注意力图提供了更多的判别信息。由图 3.8 可知,属性预测模块可以专注于属性的对应部分。在对发动机个数进行预测时,专注在发动机的部位,而对于机翼、尾翼进行预测时,也专注于相应的图片区域。属性的视觉注意力图可以与文本解释一起生成,为模型决策提供更准确的多模态解释。

语义解释

This aircraft has four engines, straigh wing, aspect ratio between 10 to 12, so it is An-12.

语义解释

This aircraft has four engines, swept wing, radar, so it is E-3.

What does a An-12 look like?

x_w Prediction: An-12 Ground truth: E-3

x_r Prediction: E-3 Ground truth: E-3

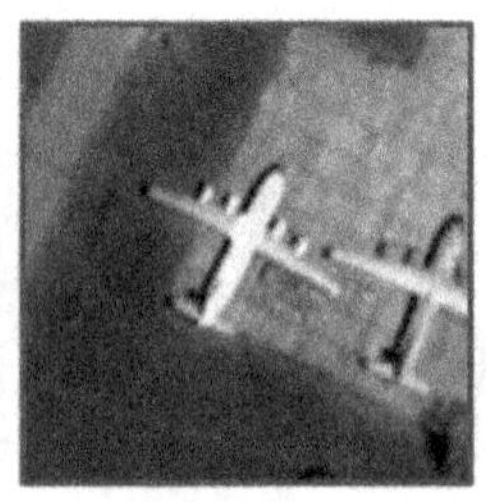

x_p Prediction: An-12 Ground truth: An-12

语义解释

This aircraft has aspect ratio between 6 to 8, four engines, swept wing, so it is C-17.

语义解释

This aircraft has four engines, swept wing, wing swept is 25 degree, so it is C-5.

What does an C-1 7 look like?

x_w Prediction: C-17 Ground truth: C-5

x_r Prediction: C-5 Ground truth: C-5

x_p Prediction: C-17 Ground truth: C-17

图 3.9 对错误预测的解释(Aircraft-17 数据集)

此外,正确的模型解释还可以作为机器教学工具,帮助人类认知世界。例如,飞机的种类往往只有专家能够确认,没有经验的用户无法细粒度识别和区分亚种。普通用户可以将飞机和其他运输工具区分开来,但无法分辨运输机、加油机和轰炸机。而模型的文本和视觉解释通过说明影响网络决策的基本特征,可以帮助用户分辨飞机亚种之间的差异。图 3.8 揭示了 KC-10 加油机和 IL-76 运输机最明显的区别为飞机的展弦比和尾翼的形状。这些模型解释可以成为机器教学的工具。

对网络错误预测的分析能够帮助用户发现模型和数据存在的问题,更好地改进提升模型性能。图 3.9 展示了 EAT 模型在 Aircraft-17 数据集上一些错误预测的案例,模型分类准确率为 92.58%。图中展示了被错误预测的图像 x_w(左一)、与 x_w 相同类别的正确预测图像 x_r 以及 x_w 被错误预测的混淆类示例 x_p(左二)。如图 3.9 所示,被错误预测的图片 x_w 往往与混淆类图片 x_p 视觉上有较多共同点,导致了模型做出误判。模型错误预测的原因多种多样,仅对比图像无法揭示模型决策错误的原因。而 EAT 模型提供的文本解释能够在一定程度上揭示这些错误的原因。例如,模型分类错误的原因可能是过度关注 x_w 和 x_p 之间的共性,而忽略了它们之间的差异。图 3.9(第一行)中飞机"E-3"被错误地归类为"An-12"的原因是模型过度关注发动机的个数,而忽略了两个类别机翼形状的差异。飞机"C-5"被错误地归类为"C-17"的原因是模型过度关注两个类别的共性(弦占比和后掠式机翼),而忽视了两个类别发动机个数的差异。

表 3.4 CUB 数据集上不同方法的分类精度

基础网络	基础准确率	EAT 模型准确率
AlexNet	68.33%	**71.05%**
ResNet18	75.35%	**77.58%**
ResNet50	83.27%	**83.96%**
PnasNet5	84.60%	**85.10%**
DFL	85.82%	**86.17%**

2. CUB 数据集

为验证所提出的方法的泛化性,本书也将所提出的模型应用在细粒度鸟类分类数据集 CUB 上,下文将分别展示类别与属性预测定量分析、模型注意力分析和模型解释定性分析。

1) 类别与属性预测定量分析

表 3.4 给出了模型类别预测的量化对比。实验结果表明,EAT 模型取得了较好的分类效果,相比于基础分类网络准确率有很大的提升。在细粒度分类数据集 CUB 上,AlexNet、ResNet18、ResNet50 和 PnasNet5 的性能分别被提升了2.72%、2.23%、0.69%和 0.5%。值得注意的是,EAT 模型也可以泛化到细粒度分类模型

DFL上，并将分类性能从85.82%提高到86.17%。EAT模型的属性预测准确率见表3.3。CUB数据集的属性预测准确率较高，均达到89.0%以上，在DFL+EAT模型上可达92.58%，在PnasNet5+EAT模型上可达92.69%。实验结果表明EAT模型在属性预测方面具有较高的准确性。

2）模型注意力分析

图3.10（第一行）展示了CUB数据集中基础网络对于类别预测的注意力图和EAT模型的注意力图。由基础网络在类别预测时的注意力图可知，虽然大部分注意力集中在前景物体上，但仍有相当一部分注意力落在背景上。例如，对鸟类“Laysan Albatross”进行分类时，模型会受到鸟类背景（如草地、树枝）的干扰。而引导网络关注于前景目标会使其更加稳定，不受背景分布变化的影响。

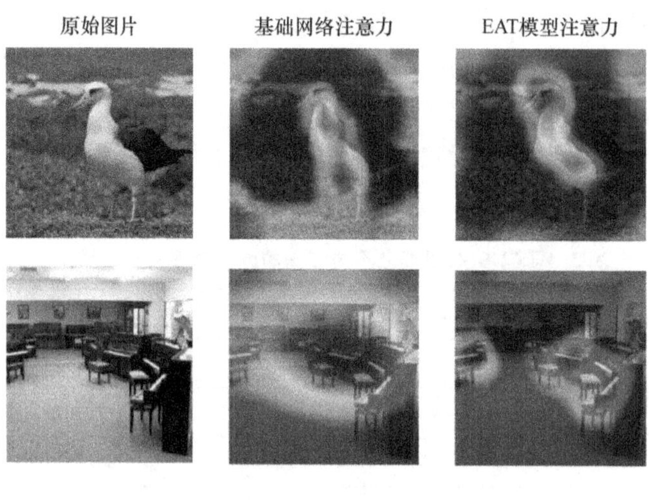

图3.10的彩图

图3.10　CUB和SUN数据集类别预测注意力图

表3.5　前景注意率(FAR-rate)

基础网络	AlexNet	ResNet18	ResNet50	PnasNet5	DFL
基线模型	3.36	3.44	3.70	3.95	3.89
EAT模型	**5.27**	**5.39**	**6.04**	**6.35**	**6.21**

表3.5显示了不同模型对于前景物体的前景注意力率（FAR），5种基础网络的FAR在3到4之间，意味着物体像素的平均注意力值是背景像素的3～4倍。而EAT模型的FAR相较于基础网络提高了近60%，例如在DFL基础网络上由3.89提升至6.21，在ResNet50基础网络上由3.70提升至6.04。这表明在应用EAT模型后，注意力从背景大幅转移到了前景物体。

3）模型解释定性分析

对于正确的预测，模型提供的解释能够说明影响网络决策的最具辨别力的特征，帮助用户更好地理解分类网络。图 3.11（第二行）展示了对鸟类分类有重要影响的属性和模型的解释。将鸟归类为“普通黄喉”的主要原因在于模型能识别出“黄色喉部”和“灰色腹部”。

图 3.11 的彩图

Common Yellowthroat

Yellow Throat

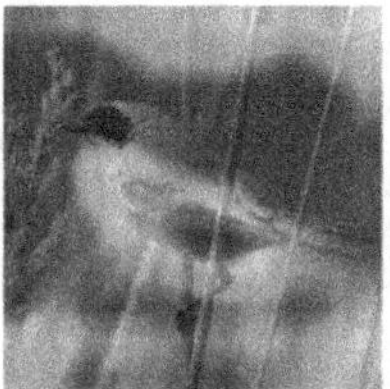

Grey Underparts

All-purpose Bill

Bridge

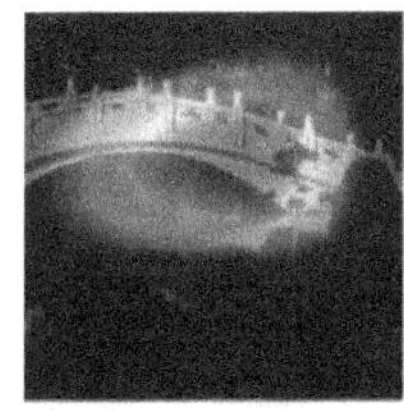

Transporting

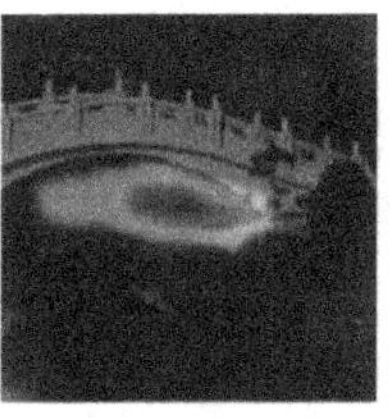

Still Water

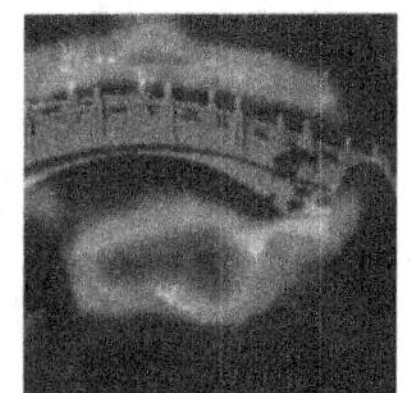

Leaves

图 3.11 基于属性的语义解释和视觉解释（CUB 和 SUN 数据集）

对网络错误预测的分析能够帮助用户发现模型和数据存在的问题，更好地改进和提升模型的性能。图 3.12 展示了 EAT 模型在 CUB 数据集上一些错误分类的案例，其中被错误预测的图像为 x_w（左）、与 x_w 相同类别的正确预测图像为 x_r（中）、以及 x_w 被错误预测的混淆类示例为 x_p（右）。导致模型决策错误的原因可能是测试数据的缺陷，如不典型的测试数据。如图 3.12 所示，"Baltimore Oriole"的 x_w 与 x_r 和 x_p 有相同的共性，比如黄色的喉部、斑斓的色彩翅膀和黄色的腹部。然而，最具辨别力的属性——黑色的前额，在 x_w 中是不可见的。因此导致 x_w 无法被正确分类识别，而这类由于测试数据不典型导致的问题不能归咎于模型错误，而应该从扩大训练数据覆盖范围的角度入手解决。总而言之，分析错误案例可以为改进模型和数据集提供建设性信息。

语义解释

This bird has yellow throat, multi-colored wing, and yellow belly, so it is American Goldfinch.

语义解释

This bird has has grey foot, yellow belly and black crown, so it is Baltimore_Oriole.

What does an American Goldfinch look like?

x_w Prediction: American Goldfinch Ground truth: Baltimore Oriole

x_r Prediction: Baltimore Oriole Ground truth: Baltimore Oriole

x_p Prediction: American Goldfinch Ground truth: American Goldfinch

图 3.12 对错误预测的解释(CUB 数据集)

3. SUN 数据集

1) 类别与属性预测定量分析

表 3.6 给出了模型类别预测的量化对比。实验结果表明，EAT 模型取得了较好的分类效果，相比于基础分类网络准确率有很大的提升。对于场景识别数据集 SUN，EAT 将 AlexNet、ResNet18、RenNet50 和 PnasNet5 的性能提高了 0.98%、1.25%、2.51% 和 2.33%。实验结果表明，属性预测模块与原始图像类别预测的联合训练有助于提取属性中的细微差异，提高分类精度。如表 3.3 所示，在 SUN 数据集中的属性预测精度略低于 Aircraft-17 数据集，最高准确率为 86.10%。原因是 Aircraft-17 中的所有属性都为可以从图像中判读的视觉属性，如形状、颜色、纹理等。而 SUN 数据集中的某些属性不是视觉属性，不能直接从图像中推断，为了判读这些属性的值，模型需要首先预测对象类别。总体而言，所有属性预测准确率均达到 80.0%以上。

表 3.6 SUN 数据集上不同方法的分类精度

基础网络	基础准确率	EAT 模型准确率
AlexNet	37.97%	**38.95%**
ResNet18	40.28%	**41.53%**
ResNet50	42.47%	**44.98%**
PnasNet5	42.71%	**45.04%**

2）模型注意力分析

图 3.10(第二行) 展示了 SUN 数据集中基础网络对于类别预测的注意力图和 EAT 模型的注意力图。由注意力图可知，相比于基础网络，EAT 模型的注意力更加集中且覆盖全面。基础网络在预测“钢琴房”时，注意力主要集中在房间中央的钢琴处，且覆盖了周围的环境，而 EAT 模型的注意力能够聚焦于房间中所有钢琴，且注意力没有分散到环境中。

3）模型解释定性分析

对于正确的预测，模型提供的解释说明了影响网络决策的那些最具辨别力的特征，可以帮助用户更好地理解分类网络。图 3.11(第二行) 展示了对 SUN 数据集场景分类有重要影响的属性和模型的解释。对桥梁进行分类时，“运输属性”桥梁周围的“树叶”和“静止的水”有助于网络做出正确的决定。定性结果表明，EAT 模型不仅能够生成精确的语义解释，利用属性诠释影响模型分类决策的语义信息，同时也能够在图像上定位影响模型决策的视觉因素。

3.4 本章小结

本章针对细粒度光学遥感图像场景分类问题中的难点展开研究。本书的贡献如下：①针对遥感图像分类过程中的细粒度问题，提出一种融合深度属性预测和类别预测的多任务模型，有助于网络忽略背景，关注图像前景目标的细节信息。②针对深度学习模型的决策过程缺乏可解释性问题，提出嵌入注意力推理模块，通过计算属性对预测过程的贡献，生成基于属性的语义解释。同时属性视觉注意力模块在图像上定位的具有判别性的属性信息，提供了文本-视觉组合的解释。③在 3 个数据集上的定量实验表明：本书提出的模型能够提高众多基础分类网络的效果；属性预测模块将模型对图像前景的关注率提高近 60%；模型的属性预测准确率达 92.6%，能够提供准确的基于属性的模型决策解释，提高模型决策的可解释性和可采信度。

本章参考文献

[1] 吕启. 基于深度学习的遥感图像分类关键技术研究[D]. 长沙:国防科学技术大学，2019.

[2] 姚西文. 高分辨率光学遥感图像场景理解关键技术研究[D]. 西安:西北工业大学，2016.

[3] 刘娜. 面向遥感图像分类与检索的深度学习特征表达研究[D]. 上海：上海交通大学，2018.

[4] 龚智强. 数据内蕴结构驱动的深度学习遥感图像分类[D]. 长沙:国防科技大学，2019.

[5] KRIZHEVSKY A，SUTSKEVER I，HINTON G E. Imagenet classification with deep convolutional neural networks[C]//Advances in neural information processing systems：volume 25. Lake Tahoe：MIT Press，2012：1106-1114.

[6] HE Kaiming，ZHANG Xiangyu，REN Shaoqing，et al. Deep residual learning for image recognition[C]//The IEEE/CVF Computer Vision and Pattern Recognition Conference. Las Vegas:IEEE,2016:770-778.

[7] LIU Chenxi，ZOPH B，NEUMANN M，et al. Progressive neural architecture search[C]//European conference on computer vision. Munich：Springer，2018a:19-35.

[8] WANG Yaming，MORARIU V I，DAVIS L S. Learning a discriminative filter bank within a cnn for fine-grained recognition[C]//The IEEE/CVF Computer Vision and Pattern Recognition Conference. Salt Lake City：IEEE,2018b：4148-4157.

[9] SELVARAJU R R，COGSWELL M，DAS A，et al. Grad-cam：Visual explanations from deep networks via gradient-based localization [C]// International Conference on Computer Vision. Venice:IEEE,2017:618-626.

[10] YANG Mengjiao，KIM B. BIM：Towards quantitative evaluation of interpretability methods with ground truth[J]. arXiv preprint arXiv:1907.09701，2019.

[11] FU Kun，DAI Wei，ZHANG Yue，et al. Multicam：Multiple class activation mapping for aircraft recognition in remote sensing images[J]. Remote Sensing，2019，11(5)：544.

[12] WAH C，BRANSON S，WELINDER P，et al. The Caltech-UCSD Birds-

200-2011 Dataset: CNS-TR-2011-001 [R]. California Institute of Technology, 2011.

[13] PATTERSON G, XU Chen, SU Hang, et al. The sun attribute database: Beyond categories for deeper scene understanding[J]. IJCV, 2014, 108(1-2): 59-81.

[14] ENDRES G, GETHING M J. Jane's aircraft recognition guide[M]. London:Collins, 2005.

[15] FU Jianlong, ZHENG Heliang, MEI Tao. Look closer to see better: Recurrent attention convolutional neural network for fine-grained image recognition[C]//The IEEE/CVF Computer Vision and Pattern Recognition Conference. Honolulu:IEEE,2017: 4438-4446.

[16] LI Jingjing, ZHU Lei, HUANG Zi, et al. I read, i saw, i tell: Texts assisted fine-grained visual classification[C]//Proceedings of the 26th ACM international conference on Multimedia. Seoul: ACM, 2018a: 663-671.

[17] PASZKE A, GROSS S, CHINTALA S, et al. Automatic differentiation in pytorch[C]//NIPS 2017 Workshop. Long Beach: MIT Press,2017.

第4章

基于多源属性学习的细粒度遥感场景分类

4.1 引　言

遥感图像分类的细粒度问题主要表现在两个方面。一是遥感目标子类(sub-category)繁多,而子类之间的视觉差异较小[1],该问题在前一章中已经阐述过。二是由于不同地物的光谱特征相似,不同场景中的地物要素分布一致,因此遥感场景视觉差异小[2]。以城市功能区域识别任务为例,城市区域的划分是由其社会经济属性决定的,城市常常被划分为住宅、商业、教育、娱乐等区域。以图4.1为例,由于植被、建筑、道路等地物要素重复交叉出现在以上几类城市功能区域中,导致类别之间的视觉差异较小。遥感图像场景分类任务被广泛应用于关系国计民生的领域,如环境保护、救灾防灾、土地规划、资源调查、城市建设等,引起各国研究者的广泛关注。然而,遥感图像地物空间分布十分复杂,同类目标之间的方差较大,类间目标的方差较小,这些特点给分类任务带来了较大的挑战。

近年来,高速发展的信息和通信技术网络使得准确、及时地获取反映人类社会经济活动的地理空间大数据(geo-spatial big data, GBD)成为可能,也为城市功能区域分类注入新的活力[3-5]。GBD数据包括车辆GPS轨迹、兴趣点(POI)数据、手机定位数据、社交媒体签到数据等[6,7]。GBD数据拥有与传统遥感数据互补的优点(体量大,与社会活动密切相关,更新速度快,包含丰富的社会经济属性等),目前有大量相关方法试图融合遥感数据和GBD数据以进行遥感图像场景分类任务[8-11]。相关研究主要旨在从特征和决策的角度融合多源多模态数据来提高分类效果,而忽略了数据本身所蕴含的多维属性。与用户相关的GBD数据通常是描述用户活动随空间和时间变化的高维数据,在不考虑用户活动的情况下将这些数据简化为时间序列并不能完全挖掘其时间、空间和社会经济属性[12,13]。

基于以上考虑,本章提出了一种使用多源数据(光学遥感图像和地理空间大数据)的属性提取融合模型(attribute extraction fusion model, AEFM),重点研究如何从时空数据中提取时间属性和空间属性,解决细粒度遥感场景分类问题。模型首先考虑用户信息和活动特征,提取数据的时间统计特性作为时间属性。此外,由于人类活动的规律性,利用用户与区域间的访问数据能够有效将不同空间中具有类似属性的区域联系起来。因此,模型根据用户活动构建区域图以学习空间属性。最后,模型提出了决策融合网络来融合多种属性的预测概率,辅助光学遥感图像分类任务做出最终决策。通过对大规模数据集的广泛实验评估,证明本章提出的模型能够有效提取多源数据中的时空属性,解决光学遥感图像场景中的细粒度问题,相比国际主流模型分类,其准确率提升了 10%以上。

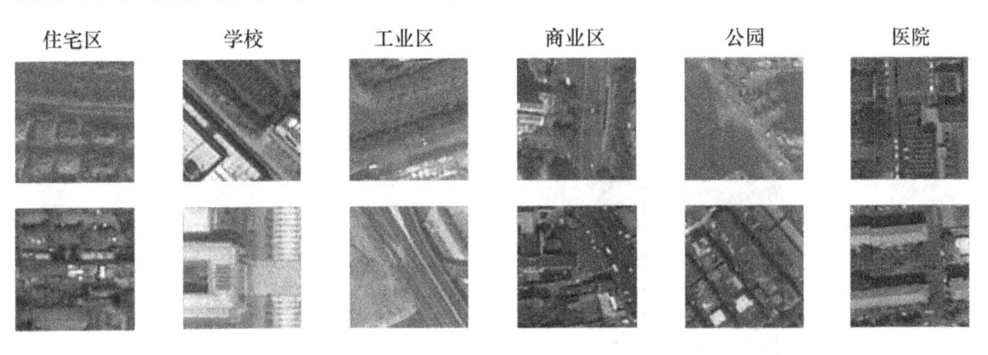

图 4.1　遥感图像场景分类的细粒度问题

4.2　基于属性提取融合的遥感场景分类模型

如上文所述,目前在深度学习领域,对遥感时空数据的属性学习的研究还不够深入。本节将介绍时空数据的属性提取和决策融合分类模型(attribute extraction fusion model, AEFM),其核心思想是在时空数据中提取与遥感目标相关的时间和空间属性,从而反映其社会经济特性。第 4.2.1 小节阐述基于多源数据遥感场景分类的问题定义。第 4.2.2 小节讨论时空数据属性提取过程。有别于将时序数据直接利用循环神经网络处理的方法,AEFM 充分考虑时空数据的周期性和地域规律,抽取周期性时间属性,并以用户和遥感地物为节点建立图网络,依据用户活动抽取遥感地物的空间属性。第 4.2.3 小节阐述时空数据属性与光学遥感图像的决策融合模型整体结构。

4.2.1　问题定义

本书采用典型的季节性时空数据作为示例,如前文所述,大量实际生活中的地理空间数据均可转化为带有季节特征的时空数据，如交通流量、基站数据、空气质量、降水云图等[9,14]。本书讨论的季节性时空数据示意如图 4.2 所示，城市被划分为尺度相同的网格状区域 $R=\{r_1,r_2,\cdots,r_i\}$，对每个网格区域 r_i 提供 100×100 像素的卫星图像 I_i，以及维度为 $T\times K$ 的时序数据 d_i，代表在 t_i 区域 T 小时中 T 位用户的访问数据。划分相同尺度的网格状区域可以消除场景尺度对于用户活动数据的影响。本书的任务为依据给定时空数据 I_i 和 d_i，预测 r_i 的类别 y_i。

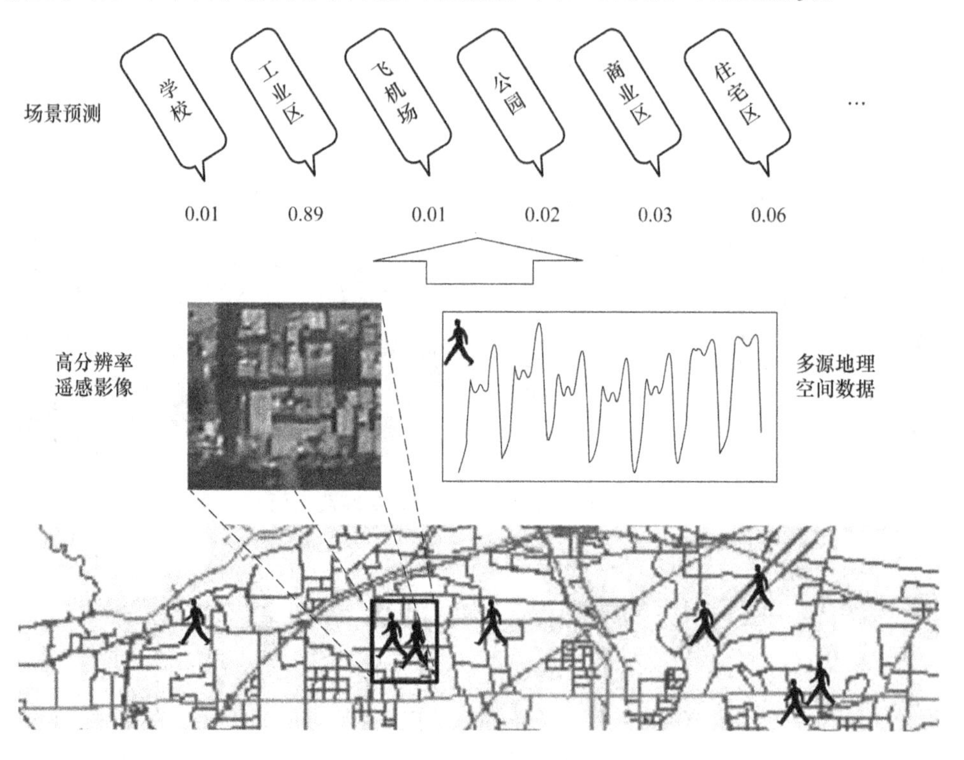

图 4.2　基于多源数据的遥感场景分类

4.2.2　时空属性提取模块

本节首先进行时空数据特性分析，然后分别介绍时间属性和空间属性的提取方法。

1. 时空数据特性分析

相关数据统计特征如图 4.3 和图 4.4 所示。图 4.3 中展示了 9 个类别城市区域的光学遥感图像。由图可见如下两个结论：①尽管光学遥感图像具有较高分辨率，但同一类的图像视觉内容差异较大，如学校可以由建筑或者运动场组成。②不同类别图像之间存在非常相似的地物，例如学校、住宅区、商业区、行政区等区域都具备高层建筑，公园、学校、住宅区都含有大量绿色植被，而大部分区域都含有道路。这些特性使得卫星图像数据集具有较大的类内方差和较小的类间方差，使得图像分类任务十分困难。

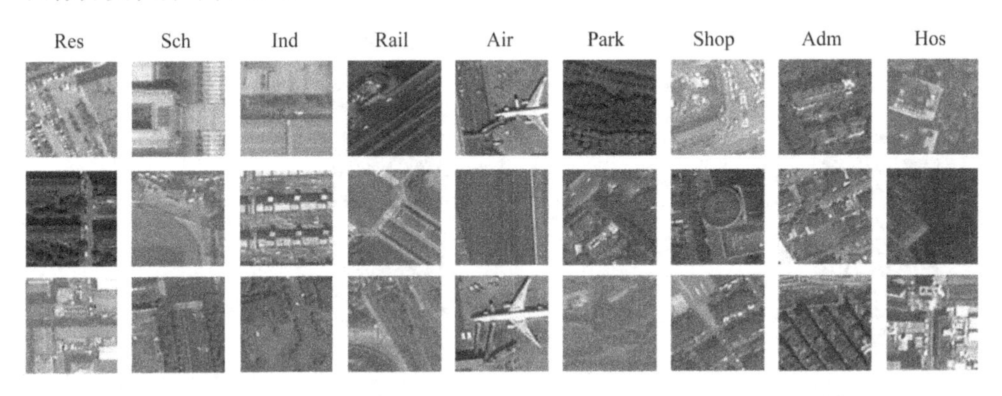

图 4.3 从 9 个类别的卫星图像中随机选择实例——住宅区(Res)、学校(Sch)、工业区(Ind)、火车站(Rail)、飞机场(Air)、公园(Park)、商业区(Shop)、行政区(Adm)和医院(Hos)

图 4.4 展示了 9 个类别城市区域在一周内的平均用户访问次数[9]。由图可见季节性时空数据具有如下特征：①数据随时间变化呈现以天(day)或周(week)为周期的统计学特征，如行政区和医院的工作日(周一至周五)和周末的访问人数存在显著差异，而公园和商业区的数据分布没有日间差异。②数据在相关空间区域呈现相似的统计特征，即同类区域的数据分布特征极其相似。③不同类别的时空数据分布特性具有显著区别，如行政区和医院的每日分布呈现双峰模式，但其最大峰值不同；而学校和工业园区则呈现明显的单峰格局。④用户的活动呈现规律性，如学生用户主要活动区域为住宅区和学校，而工人的主要活动区域为住宅区和工业区，因此可依据用户在相关区域的活动抽取与目标区域相关的空间属性。以上特性为本节抽取时间属性和空间属性提供了理论依据。统计特性显示，季节性时空数据能够提供类别相关的属性，帮助模型进行高效准确的区域分类。不同于其他研究工作将时序数据 d_i 直接作为循环神经网络的原始输入[9,11]，本书提出利用时序数据的上述特性抽取其时间属性和空间属性。

2. 时间属性抽取

时间属性的抽取任务可以总结为从区域 r_i 的时序数据 d_i 中抽取周期性时间属性。为体现属性的周期性，本节将时序数据 $d_i \in \mathcal{R}^{T\times K}$ 以小时为单位划分为 3 个时段(0 时—7 时、8 时—17 时、18 时—23 时)，并以天为单位划分为 2 个时段(工作日和周末)。以 5 个时段统计每个区域 r_i 的访问人数和人次的 8 个统计量，分别为总和、均值、方差、最大值、最小值以及 25%、50%、75%分位数。最终抽取的周期性时间属性可以表示为 $a_{\text{time}} \in \mathcal{R}^{N_{\text{time}}}$。

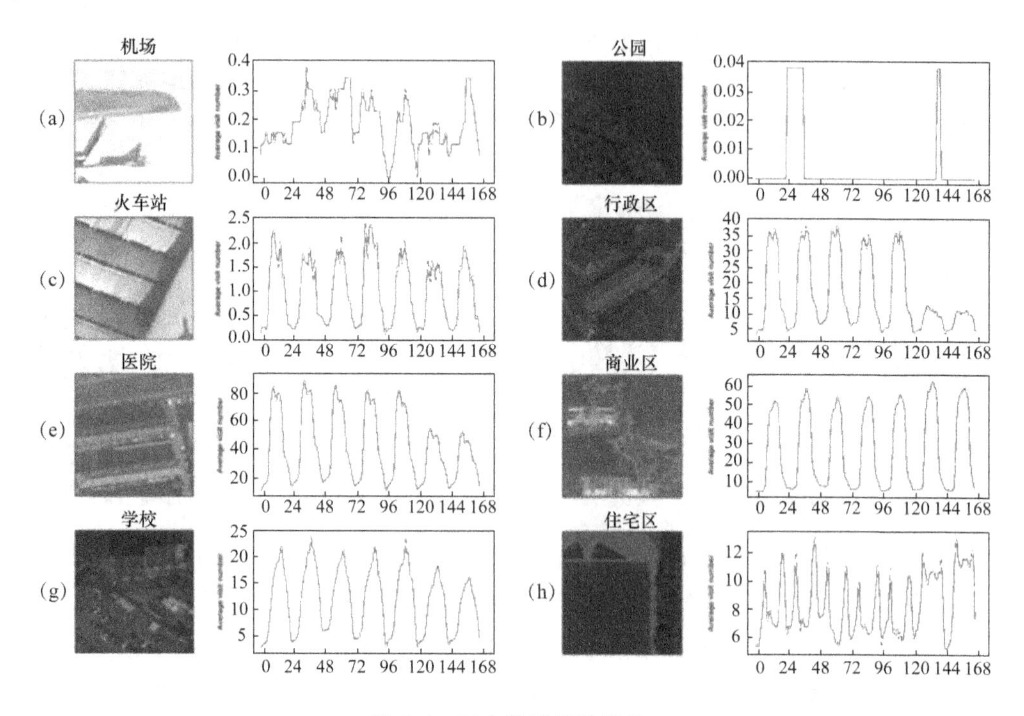

图 4.4　时空数据统计特性

3. 空间属性抽取

空间属性的抽取考虑了用户活动在空间上的规律性，以训练数据中的时序数据建立以用户和区域为节点，以用户访问情况为边的图网络（如图 4.5 所示），可表示为 $G=(V,E)$，顶点集合为 $V=v_1,v_2,\cdots,v_n$，实体 v_n 包含用户和区域，边集合为 $E=\{e(v_i,v_j),v_i\in V,v_j\in V\}$，其中边 $e(v_i,v_j)$ 表示实体 v_i 和 v_j 的关系，由用户 u_i 在区域 r_j 的访问数据决定：

$$\begin{aligned}&\text{if } u_i \text{ visits } r_j: e(u_i,r_j)=1\\&\text{else}: e(u_i,r_j)=0\end{aligned}\tag{4.1}$$

用户-区域图的部分结构示意图如图 4.5 所示，图中各实体由它们的访问关系获得。由于用户的访问轨迹遵循一定的模式，如工人经常往返于住宅区和工业区，学生则在学校和住宅区之间来回穿梭，因此可依据用户在相关区域的活动抽取与目标区域相关的空间属性。以图 4.5 所示关系为例，可以依据用户 u_1 至 u_4 在所有区域的访问关系为目标区域 r_0 抽取其空间属性。

首先抽取用户 u_i 在任意区域 r_j 的局部空间属性 $a_{\text{local}}\in\mathcal{R}^{N_{\text{local}}}$，包括 u_i 出现在 r_j 中的天数、小时数、每天最早出现和最晚消失的时间及其时间差、每天停留的最大间隔小时数，以此分析用户在区域 r_j 中的活动。接着统计用户在所有区域的局部空间属性，得到总属性张量 a_{tensor}，设用户数为 N_{user}，区域的总类别数为 N_{label}，则

a_{tensor}的维度为$(N_{user}, N_{label}, N_{local})$。假设第$i$个访客出现在第$j$个类别的地区，抽取的局部空间属性为$a_{local} \in \mathcal{R}^{N_{local}}$，那么$a_{tensor}[i,j,:] = a_{tensor}[i,j,:] + a_{local}$。

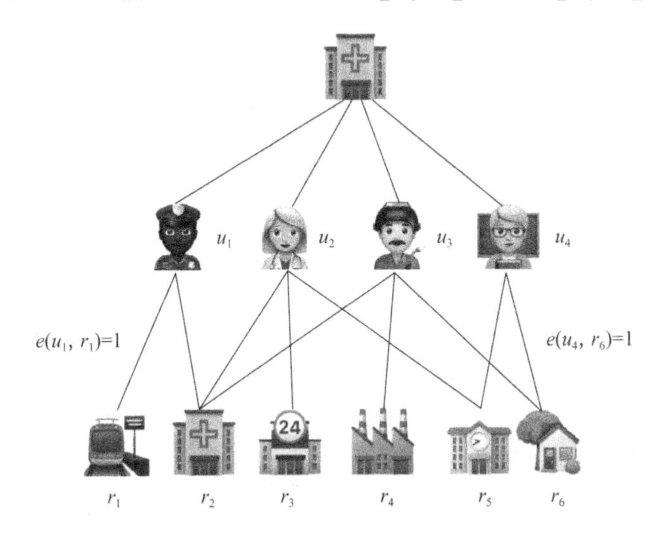

图 4.5 用户-区域图(部分结构示意图)

最后为目标区域r_{target}抽取其全局空间属性。假设该地区有K个访客，则根据其访客在所有区域的局部空间属性张量a_{tensor}计算目标区域的全局空间属性，其维度为$\{K, N_{label}, N_{local}\}$。首先重塑用户局部属性张量的维度为$\{K, N_{label} \times N_{local}\}$，然后为每一列提取前文所述的8个统计量特征，最终获得该区域的全局空间属性$a_{spatial} \in \mathcal{R}^{N_{local} \times N_{local} \times 8}$。整体流程如算法1所示。

算法1 空间属性抽取

Input：训练集所有时序数据$D=\{d_1, d_2, \cdots, d_i\}$，目标区域$r_{target}$的时序数据$d_0$.

Output：目标区域的空间属性$a_{spatial}$.

1. 根据D构建以用户和区域为节点，以用户访问情况为边的图网络$G=(V,E)$，其中顶点集合包含用户和区域，边集合为$E=\{e(v_i, v_j)\}$.
2. if u_i visits r_j： $e(u_i, r_j)=1$ else：$e(u_i, r_j)=0$.
3. 设置空的用户局部属性张量$a_{tensor} \in 0^{N_{user} \times N_{label} \times N_{local}}$.
4. **for** $i=0$ to K **do**
5.   **for** $j \leftarrow 0$ \$ to \$ N_{region}**do**
6.   抽取用户u_i在任意区域r_j的局部空间属性$a_{local} \in \mathcal{R}^{N_{local}}$.
7. $a_{tensor}[i,j,:] = a_{tensor}[i,j,:] + a_{local}$.
8.   **end for**
9. **end for**
10. 重塑用户局部属性张量的维度为$\{K, N_{label} \times N_{local}\}$.
11. 为每一列提取8个统计量特征，获得目标区域r_{target}的全局空间属性$a_{spatial} \in \mathcal{R}^{N_{label} \times N_{local} \times 8}$.

4.2.3 决策融合分类模块

本章提出的属性提取融合模型的结构如图 4.6 所示。本章利用神经网络分别抽取图像特征和时序数据的特征,并从时空数据中抽取时间属性和空间属性。本节将讨论如何抽取图像特征和时空数据特征,并和时间属性、空间属性进行决策融合分类,预测目标区域的类别。

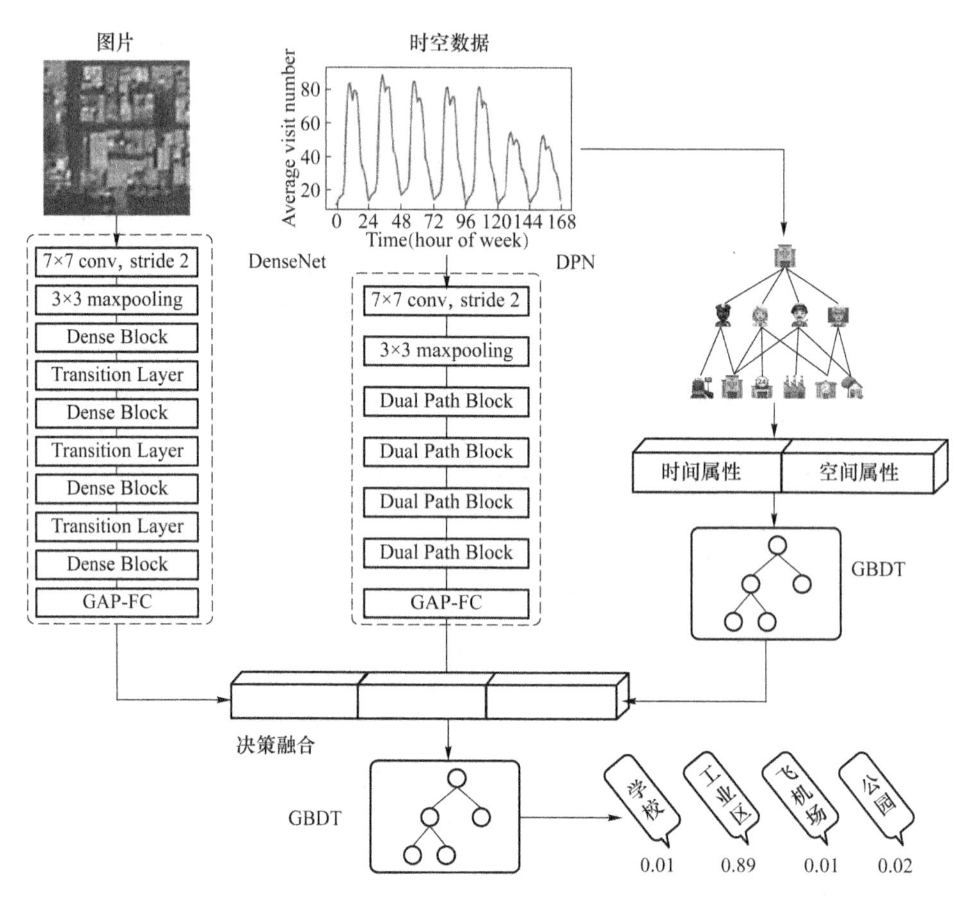

图 4.6　属性提取融合模型

1. 图像特征抽取

本节利用 DenseNet[15] 从图像 I_i 中抽取图像特征。DenseNet 通过建立所有卷积层的密集连接(dense connection)来训练深层神经网络,结构如图 4.6 所示。输入图像首先被送入步长为 2 的 7×7 卷积层(convolution layer, conv),然后输入步长为 2 的 3×3 池化层(maxpooling)。之后的特征图输入 4 组密集块(dense blocks)。输出特征图通过全局平均池化进一步简化为特征向量。最后,附加一个全连接层输出图像特征,特征的维度与类别数相同,为 N_{label}维。Dense Block 的结构如图 4.7 所示,每个卷积层伴随着批归一化处理(batch normalization, BN)和 ReLU 激活函数。

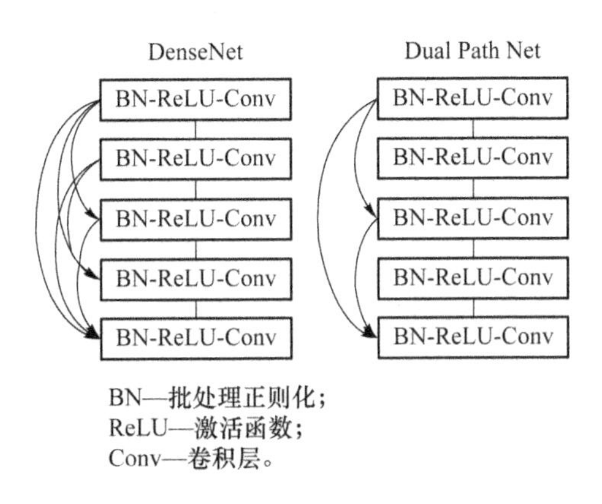

图 4.7 Dense Block 和 Dual Path Block 结构

时空数据的特征由双路径网络(dual path network,DPN)抽取,结构如图 4.6 所示,首先时序数据被送入步长为 2 的 7×7 卷积层(convolution layer, conv)和步长为 2 的 3×3 最大池化层(maxpooling)。之后,输出的特征图被送入 4 组 Dual Path Blocks(DPN)。Dense Block 与 DPN 的区别主要在于图 4.7 所示的结构差异。其中,Dense Block 层之间的链接为密集连接,而 DPN 层之间的连接为双层连接。

2. 决策融合

由于图像、时空数据、时间空间属性等多源数据的特征分布差异较大,直接进行特征融合的可行性弱,本书提出决策融合模型来预测目标区域的城市功能。图 4.6 所示预测过程分别利用 DenseNet 和 DPN 将图像和时空数据预测为 N_{label} 个类别。而时间属性 a_{time} 和空间属性 a_{spatial} 经过拼接后得到属性 concat(a_{time}, a_{spatial}),被输入算法梯度提升树(gradient boosting decision tree, GBDT)分类器进行类别预测。3 个分支的预测概率被拼接融合,并使用 GBDT 分类器进行最终预测。相关流程如算法 2 所示。

算法 2　算法梯度提升树

Input：训练集$\{(x_i,y_i)\}_{i=1}^n$，可微分损失函数 $L(y,F(x))$，循环次数 M.

Output：模型 $F_M(x)$.

1. 利用常数初始化模型 $F_0(x)=\arg_\gamma\min\Sigma_{i=1}^n L(y_i,\gamma)$.
2. **for** $m=1$ to M **do**
3. 　计算残差：$r_{im}=-\left[\frac{\partial L(y_i,F(x_i))}{\partial F(x_i)}\right]_{F(x)=F_{m-1}(x)}$，　for $i=1,\cdots,n$.
4. 　根据残差训练弱学习器 $h_m(x)$，即根据训练子集$\{(x_i,r_{im})\}_{i=1}^n$训练 $h_m(x)$.
5. 　通过解决一维优化问题计算权重：$\gamma_m=\arg_\gamma\min\Sigma_{i=1}^n L(y_i,F_{m-1}(x_i)+\gamma h_m(x_i))$.
6. 　更新模型：$F_m(x)=F_{m-1}(x)+\gamma_m h_m(x)$.
7. **end for**
8. 返回模型 $F_M(x)$.

4.3　实验与分析

本节首先介绍实验设置，包括所用的数据集以及评测指标，然后介绍 AEFM 模型在细粒度场景分类任务上的效果。

4.3.1　实验设置

1. 数据集

本书实验使用大规模城市功能区域分类数据集（urban region function classification，URFC）[9]来评估 AEFM 模型的性能。URFC 数据集包含多源数据，即从中国城市地区收集的高分辨率遥感图像以及每一个区域的用户到访数据。数据集的训练集和测试集分别由 40 000 张和 400 000 张图像构成，数据集分布如表 4.1 所示。数据集包含 9 个类别，即住宅区（Res）、学校（Sch）、工业区（Ind）、火车站（Rail）、飞机场（Air）、公园（Park）、商业区（Shop）、行政区（Adm）和医院（Hos）。为了评估本章所提出模型的分类结果和泛化能力，本书在训练集上利用 5 折交叉验证（5-fold cross validation）训练 AEFM 模型，然后在测试集上测试性能。数据集中的遥感影像像素为 100×100，分辨率为 1 m。用户到访数据为时空数据，记录了每小时用户访问与遥感影像相对应目标区域的情况。访问时间范围为 2018 年 10 月 1 日至 2019 年 3 月 31 日（182 天，26 周）。

表 4.1 数据集分布

类别	Res	Sch	Ind	Rail	Air	Park	Shop	Adm	Hos	Total
训练集	120 370	91 053	51 015	6 588	16 494	62 684	21 135	13 181	17 480	400 000
测试集	9 542	7 538	3 590	1 358	3 464	5 507	3 517	2 617	2 867	40 000

2. 评估指标

为评估分类结果，本书同其他相关方法保持一致[9]，采用准确率、类平均 F1 值、Kappa 系数作为评价指标。设 $x_{i,j}$ 为混淆矩阵中的元素(第 i 行第 j 列)，即第 i 类被预测为第 j 类的样本数；n 为类别数，N 为总样本数。则评价指标可以表述如下。

(1) 准确率：

$$p_0 = \sum_{i=1}^{n} x_{ii} / N \tag{4.2}$$

(2) Kappa 系数：

$$K = \frac{p_0 - p_e}{1 - p_e}$$

其中，

$$p_e = \sum_{i=1}^{n} \left(\sum_{j=1}^{n} x_{i,j} \sum_{j=1}^{n} x_{j,i} \right) / N^2 \tag{4.3}$$

(3) 类平均 F_1 值：

$$\overline{F}_1 = \frac{1}{n} \sum_{i=1}^{n} F_{1_i}$$

其中，

$$F_{1_i} = \frac{2 p_i r_i}{p_i + r_i} \tag{4.4}$$

其中，p_i 和 r_i 分别是第 i 类的准确率和召回率：

$$p_i = x_{ii} \Big/ \sum_{j=1}^{n} x_{ij}, \quad r_i = x_{ii} \Big/ \sum_{j=1}^{n} x_{ji} \tag{4.5}$$

F_{1_i} 测量第 i 类的分类结果，而 $\overline{F}_1$ 测量所有类别的平均分值。

4.3.2 对照实验

为了验证本章所提取时间属性和空间属性的有效性，本节设计了一组对照实验，分别对比使用图像特征、时序特征、本章所提取的属性和使用决策融合模型综合处理以上数据的效果。量化结果如表 4.2 所示，9 个类别的混淆矩阵如图 4.8 所示。

仅使用 DenseNet 对光学遥感图像进行分类时，由于同类图像分布方差大、不同类图像具有相似的地物信息，导致分类准确率较低，验证集分类准确率为 51.29%，测试集分类准确率仅达到 48.02%。混淆矩阵显示，视觉相似的类别的混淆较严重。由于训练数据存在类别图片不平衡的问题，因此具有较少训练样本的长尾类别被错误地分类到训练样本多的类别。如图 4.8(a)所示，商业区(Shop)、行政区(Adm)和医院(Hos)均有大量图片被错误地分类到住宅区(Res)。

表 4.2　测试集和验证集对照实验

特征类别	验证集			测试集		
	准确率(%)	Kappa	$\overline{F}_1$(%)	准确率(%)	Kappa	$\overline{F}_1$(%)
图片特征	51.29	0.37	38.53	48.02	0.36	39.22
时序特征	61.19	0.51	50.81	63.85	0.57	59.92
属性	89.12	0.86	89.29	92.50	0.91	93.84
图片+时序特征	69.00	0.61	63.42	73.81	0.69	72.97
AEFM(本书模型)	**89.46**	**0.87**	**89.65**	**92.75**	**0.92**	**94.05**

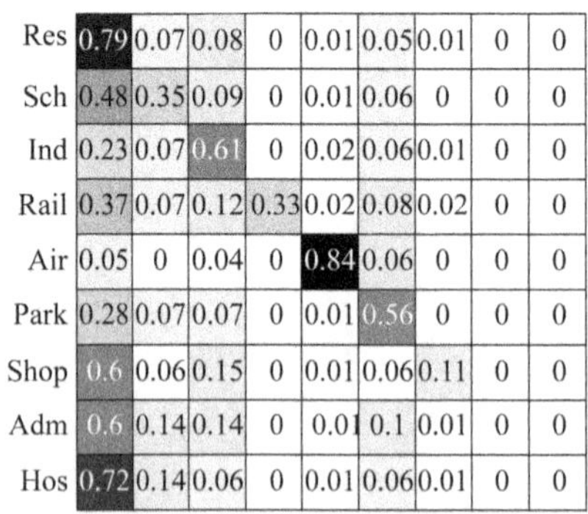

(a) 图像特征

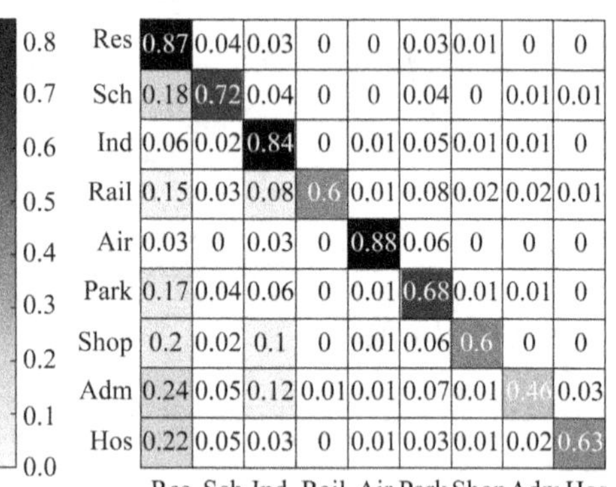

(b) 图像特征+时序特征

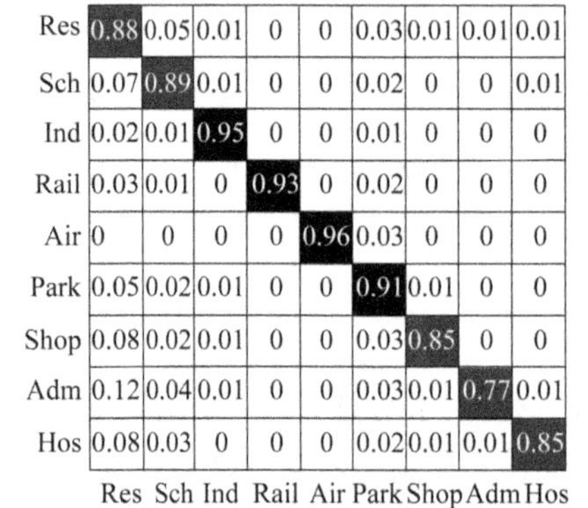

(c) 属性

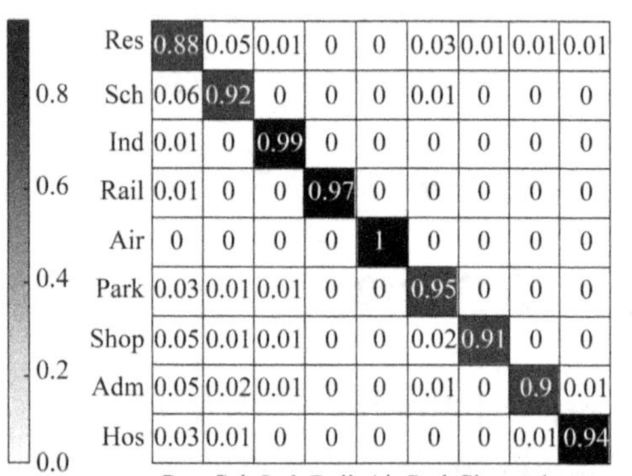

(d) AEFM (本章模型)

图 4.8　对照实验混淆矩阵

相较于图像，时空数据蕴含更多的类别信息，相比于仅使用图片特征进行分类，利用 DPN 抽取的时序特征大幅度提升了分类效果，在验证集和测试集上准确率分别提高了 9.9%和 15.83%。如图 4.8(b)所示，利用图像特征和时序特征进行分类时，混淆矩阵中长尾类别的错分情况有了较大改善。

本章所提出的属性提取方法具有更强的类别辨别性，能够从时间和空间两个维度全面学习类别特征，完成高精度的分类结果。使用 BGDT 分类器对本章所抽取的属性分类可在验证集获得 89.12%的准确率，相较图片特征提升了 38.17%；属性分类在测试集的准确率为 92.50%，相较图片特征提升了 44.48%。本章提出的决策融合分类能够综合 3 种特征(属性)的决策结果，达到最优的分类效果，在验证集和测试集的准确率分别达到 89.46%和 92.75%。混淆矩阵结果如图 4.8(d)所示，几乎所有类别都能够被精准分类，其结果不再受训练样本数目较少的长尾类别的影响。

4.3.3 与其他主流方法的定量结果比对分析

本节实验中用到的对比模型如下。MMFN[9]通过卷积神经网络从遥感图像中提取视觉特征，并利用循环神经网络(如 LSTM)从用户访问数据中提取时序特征，然后融合两种特征并使用全连接层进行分类。DMDC[11]提出了双模态数据分类网络，使用机器学习分类器对特征进行分类。与 MMFN、DMDC 等网络不同，本章提出的 AEFM 方法更加关注对数据中时间和空间属性的提取。

3 个方法的对比结果如表 4.3 所示，本章模型在所有评价标准中均取得最优结果，相比于 MMFN 和 DMDC，AEFM(本章模型)在测试集上的准确率分别提高了 17.62%和 10.3%，而 $\overline{F}_1$ 值的提高达到 19.21%和 10.24%。在验证集上，AEFM 相比于 MMFN 的准确率提高了 19.15%，$\overline{F}_1$ 值提高了 24.3%。这说明，虽然 3 个模型都使用了同样的多源数据对细粒度遥感图像分类任务进行辅助，但对数据的处理方法极大地影响了分类效果。本书提出的时空属性提取融合网络能够深入挖掘多源数据蕴含的丰富属性，为遥感场景提供细粒度分类信息。

表 4.3 测试集和验证集量化结果

模型	测试集			验证集		
	准确率(%)	Kappa	$\overline{F}_1$(%)	准确率(%)	Kappa	$\overline{F}_1$(%)
MMFN[9]	75.13	0.71	74.84	70.31	0.63	65.35
DMDC[11]	82.45	0.79	83.81	—	—	—
AEFM(本书模型)	92.75	0.92	94.05	89.46	0.87	89.65

4.4 本章小结

本章针对遥感图像场景分类面临的细粒度问题提出了基于多源数据的时空属性提取与融合分类模型。首先模型使用易获得的用户活动数据，提取数据中蕴含的时间属性。此外，由于人类活动的规律性，利用用户与区域间的访问数据能够有效将不同空间中具有类似属性的区域联系起来。模型进一步依据用户在区域间的活动建立用户－区域图网络，提取空间属性。最终，本书提出了决策融合网络，融合多种属性的预测概率做出最终决策。实验证明，相比仅利用光学遥感图像进行分类的模型，本方法能够将分类准确率提高 38.71%；而相比于其他使用多源数据辅助遥感场景分类的国际主流模型，本方法所达到的准确率高出 17.62%。此外，由于本方法研究的用户活动数据和遥感图像具有很强的普适性，因此在遥感场景分类任务中有较大的应用前景。

本章参考文献

[1] FU Kun, DAI Wei, ZHANG Yue, et al. Multicam: Multiple class activation mapping for aircraft recognition in remote sensing images[J]. Remote Sensing, 2019, 11(5): 544.

[2] XIA Guisong, HU Jingwen, HU Fan, et al. Aid: A benchmark data set forperformance evaluation of aerial scene classification [J]. IEEE Transactions on Geoscience and Remote Sensing, 2017, 55(7): 3965-3981.

[3] LI Songnian, DRAGICEVIC S, CASTRO F A, et al. Geospatial big data handling theory and methods: A review and research challenges[J]. ISPRS journal of Photogrammetry and Remote Sensing, 2016, 115: 119-133.

[4] 张晔. 基于多源数据的城市功能区提取与分析[D]. 武汉:武汉大学, 2020.

[5] 李娅. 基于遥感和 POI 的城市功能语义分区研究[D]. 北京:中国科学院大学(中国科学院遥感与数字地球研究所), 2018.

[6] SUN Jing, WANG Hong, SONG Zhenglin, et al. Mapping essential urban land use categories in nanjing by integrating multi-source big data[J]. Remote Sensing, 2020, 12(15): 2386.

[7] 吴鹏. 多源异构数据融合分析视角下的城市功能分区方法研究[D]. 长春:中国科学院大学(中国科学院东北地理与农业生态研究所), 2020.

[8] JIA Yuanxin, GE Yong, LING Feng, et al. Urban land use mapping by combining remote sensing imagery and mobile phone positioning data[J]. Remote Sensing, 2018, 10(3): 446.

[9] CAO Rui, TU Wei, YANG Cuixin, et al. Deep learning-based remote and social sensing data fusion for urban region function recognition[J]. ISPRS Journal of Photogrammetry and Remote Sensing, 2020, 163: 82-97.

[10] BAO Hanqing, MING Dongping, GUO Ya, et al. Dfcnn-based semantic recognition of urban functional zones by integrating remote sensing data and poi data[J]. Remote Sensing, 2020, 12(7): 1088.

[11] CHEN Chen, YAN Jining, WANG Lizhe, et al. Classification of urban functional areas from remote sensing images and time-series user behavior data[J]. IEEE Journal of Selected Topics in Applied Earth Observations and Remote Sensing, 2020, 14: 1207-1221.

[12] 邱小宇. 基于社交媒体地理数据进行面向对象的土地利用分类研究[D]. 浙江:浙江大学, 2019.

[13] 朱和丽. 基于遥感影像与社交媒体数据的校园土地利用分类[D]. 武汉:华中师范大学, 2020.

[14] ZHANG Junbo, ZHENG Yu, QI Dekang. Deep spatio-temporal residual networks for citywide crowd flows prediction[C]//Thirty-first AAAI conference on artificial intelligence. San Francisco: AAAI, 2017: 1655-1661.

[15] IANDOLA F, MOSKEWICZ M, KARAYEV S, et al. Densenet: Implementing efficient convnet descriptor pyramids[J]. arXiv preprint arXiv:1404.1869, 2014.

第5章

基于属性建模迁移的少样本遥感图像分类

5.1 引　　言

硬件计算能力的飞速提升和训练数据的扩充，加速了深度学习算法的优化，其在自然图像识别任务中的表现已经超越了人类。然而目前深度学习的成功依赖于相对理想的前提，即存在规模较大、标注质量较高的训练数据。然而这一需求在遥感场景中往往难以满足[1]。如示意图5.1所呈现的，遥感图像中的目标往往遵从长尾分布，少数常见类别拥有大量训练样本，而剩余类别训练样本极少，甚至有部分类别无法获取到样本。根据类别样本数目的不同，该类问题可被定义为少样本和零样本问题。在模型能够获取部分源类别的大量训练样本的情况下，少样本学习(few-shot learning, FSL)对应于新的目标类训练样本量极少(通常每类样本数小于20)；而零样本学习(zero-shot learning, ZSL)指新的目标类别没有训练样本。因此，少样本和零样本问题的核心都是使模型从大量源类别训练样本中学习知识，并迁移到目标类别的学习和分类中[2,3]。

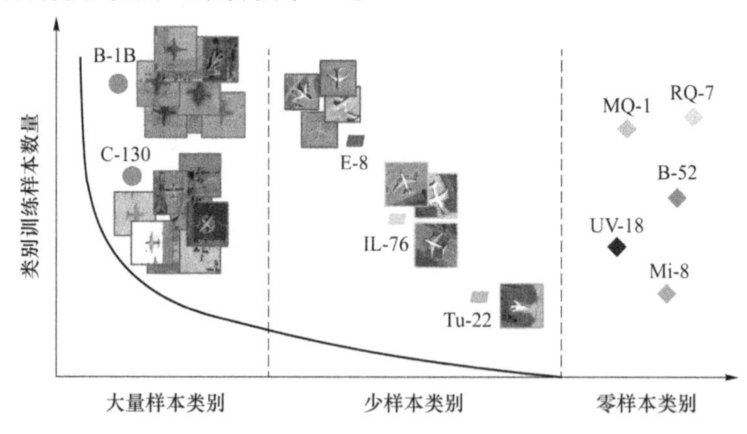

图5.1　遥感图像飞机目标中的少样本和零样本问题

属性是图像分类任务中使用最为广泛的语义空间之一，属性空间中每一维度描述了不同类之间共享的特性，因此可以被广泛用于建模类别的语义空间。此外，由于很多人类定义的属性具有视觉含义，如颜色、纹理、形状等，因此属性可以用于建模类别的视觉特征，解决少样本和零样本学习中训练样本数少的问题[4-6]。考虑到零样本和少样本学习的问题本质都是样本缺失，本章统一两种问题的研究框架，创新性利用源类别和目标类别的属性在视觉空间的建模，进行类别视觉知识的迁移，有效解决样本数量少带来的问题。

为充分利用属性的知识迁移能力，深度学习网络需要正确的学习属性的视觉表达并将其与对应的图像特征联系在一起。然而研究发现，大部分零样本学习方法对于属性的学习和视觉定位仍存在欠缺。如图5.2所示，对照组模型BaseMod(C)对于属性的视觉定位产生偏差，预测相关属性时，模型注意力没有集中在局部属性存在的视觉区域，而是散布于全局环境中。例如在预测"绿色""轨道"等属性时，模型将注意力分布在环境中。产生该现象的原因有二。①大部分模型用于属性建模的图像特征是全局特征，忽略了图像特征的局部视觉信息。虽然深度卷积神经网络(convolutional neural network, CNN)[7]能够对图像局部信息进行编码，然而全局池化操作使得提取的图像特征失去局部视觉信息。②属性不服从独立分布，导致部分相关属性经常共现。例如"道路"和"建筑物"会同时出现在众多图片中。因此深度学习模型难以区分相关属性的视觉特征。

图5.2的彩图

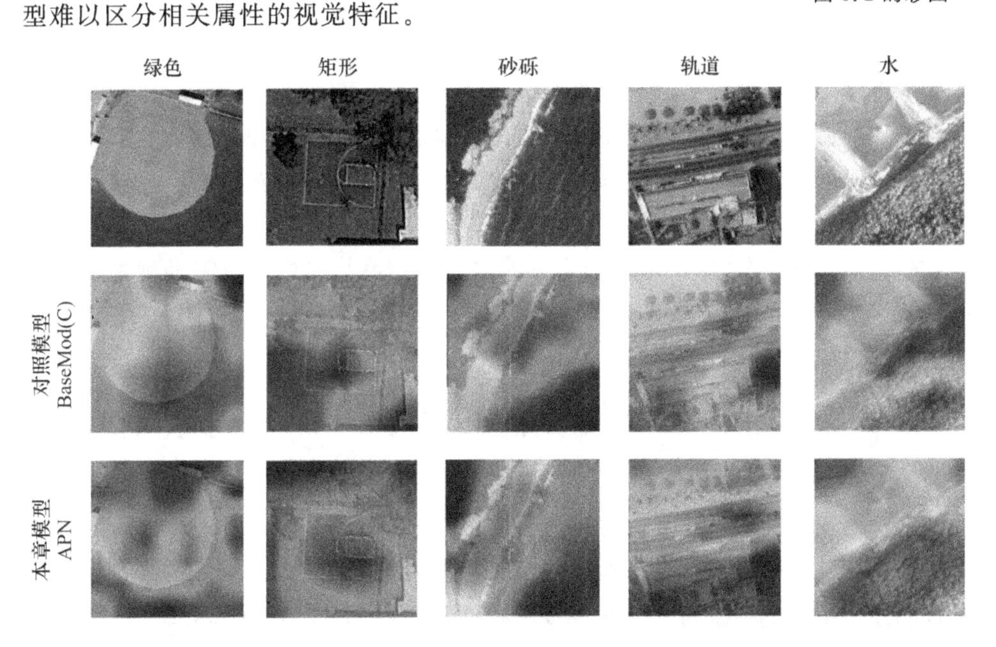

图5.2 视觉偏移问题

本章研究的属性学习和建模方法主要致力于解决以上问题。本章将关联视觉属性与图像局部特征区域的能力称为局部性(locality),并提出属性原型网络(attribute prototype network, APN)提高图像特征的局部性。不同于前人直接使用全局池化后的特征进行属性建模,APN 网络将属性与卷积神经网络中间层图像特征关联,以学习属性的视觉原型(attribute prototype),并利用回归损失提高图像局部特征与属性原型的相似性。此外,APN 网络利用属性的语义相关性来减轻共现属性在视觉空间的耦合。本章提出的属性原型网络能够实现对属性中视觉信息的定位,以及对共现属性解耦合(decorrelate)。

综上,针对遥感图像分类中存在的样本缺失问题,本章提出一种全新的属性原型网络,能够利用属性将源类别中的知识迁移至目标类别。本章的主要贡献总结如下:①将遥感图像少样本和零样本分类任务整合到统一框架下,提出属性原型网络(APN),实现属性在视觉空间的建模。②通过从卷积神经网络中间层特征回归学习属性,APN 网络增强了所学习视觉特征的局部性,能够实现对属性中视觉信息的定位;并且利用属性的语义相关性减轻共现属性在视觉空间的耦合,实现属性在视觉空间的高精度建模。③本章利用目标类别的属性信息拟合其视觉空间分布,并通过类别共享的属性原型实现视觉信息从源类别到目标类别的迁移,解决少样本导致的类别视觉特征较少、分类准确率低的问题。④通过定量实验,本章验证了 APN 网络在零样本分类和少样本分类任务上的效果,并且证明了 APN 网络能够实现弱监督情况下的属性高精度定位。如图 5.2 所示,本章提出的 APN 模型能够准确定位“绿色”“矩形”“砂砾”等颜色、形状和局部目标属性。

本章的后续内容按如下顺序展开:首先,本章将介绍相关研究工作;其次,阐述属性原型网络的模型结构及训练方法;再次,验证 APN 网络在零样本分类任务上的效果以及属性定位效果,并评估 APN 网络在少样本分类任务中的实验效果;最后,本章利用定性评估以及用户调查说明属性原型网络属性定位的准确性以及对用户的启发作用。

5.2 基于属性视觉建模的少样本学习模型

本章提出面向少样本学习的属性原型网络(attribute prototype network, APN),该网络能够实现属性在视觉空间的精确建模,增强图像特征的局部性。下文首先介绍零样本学习和少样本学习问题的数学定义。然后详细介绍 APN 网络的三个模块:基本模块(BaseMod)、属性原型模块(ProtoMod)和图像聚焦模块(ZoomInMod)。最后描述 APN 网络如何用于零样本以及少样本分类任务,以及如何实现弱监督属性定位。

5.2.1 问题定义

本任务的训练集由源类别中含有标签的图像及类别属性组成，可以表示为 $S=\{x,y,\phi(y)\mid x\in\mathcal{X},y\in\mathcal{Y}^s\}$，其中 x 表示 RGB 图像空间 $\mathcal{X}$ 中的一个样本，y 是它的类别标签，$\phi(y)\in\mathbb{R}^K$ 是 K 维类别属性向量，其中每一个维度代表一个属性。零样本学习和少样本学习中的目标类，即训练样本数量较少的类别，可以使用 $\mathcal{Y}^n$ 来表示。目标类别的属性向量已知，为 $\{\phi(y)\mid y\in\mathcal{Y}^n\}$。零样本学习(zero-shot learning, ZSL)的任务是预测目标类别中测试样本的标签，即 $\mathcal{X}\rightarrow\mathcal{Y}^n$，这些类别在训练过程中从未被模型学习。而在现实世界中，源类别的图像通常较为常见的，因此在测试阶段不含有源类别图像是不现实的问题设定。因此学界提出广义零样本任务(generalized zero-Shot learning, GZSL)[8]，其目标是同时预测来自源类和不可见类的图像，即 $\mathcal{X}\rightarrow\mathcal{Y}^n\cup\mathcal{Y}^s$。少样本学习(few-shot learning, FSL)和广义少样本学习(generalized few-shot learning, GFSL)的定义与零样本学习类似，其主要区别在于少样本学习不仅可以获取目标类的属性，每个目标类还获取了少量训练样本。

5.2.2 基础分类模块

本节提出基础分类模块(BaseMod)，旨在学习用于分类的图像特征。给定输入图像 x，基础分类模块用图像编码器 $f(\cdot)$ 抽取中间层图像特征 $f(x)\in\mathbb{R}^{H\times W\times C}$，其中 H、W 和 C 分别表示特征的高度、宽度和通道。然后，该模块在 H 和 W 维度上应用全局平均池化来学习全局判别特征 $g(x)\in\mathbb{R}^C$：

$$g(x)=\frac{1}{H\times W}\sum_{i=1}^{H}\sum_{j=1}^{W}f_{i,j}(x) \tag{5.1}$$

其中，$f_{i,j}(x)\in\mathbb{R}^C$ 表示 $f(x)$ 在空间位置 (i,j) 的局部特征。

为了增加图像特征中蕴含的属性信息，本节使用带有参数 $V\in\mathbb{R}^{C\times K}$ 的全连接层(视觉语义嵌入层)将视觉特征 $g(x)$ 映射到属性空间中，并计算该投影与属性空间中每个类属性之间的点积：

$$s=g(x)^{\mathrm{T}}V\phi(y) \tag{5.2}$$

为了使视觉特征和对应类别的属性具有较高的点积相似度，本节提出使用交叉熵函数解决这一问题。给定标签为 y，对应类别属性向量为 $\phi(y)$ 的训练图像 x，其分类损失函数 $\mathcal{L}_{\mathrm{CLS}}$ 可以定义为：

$$\mathcal{L}_{\mathrm{CLS}}=-\lg\frac{\exp(s)}{\sum_{\mathcal{Y}^s}\exp(s_j)} \tag{5.3}$$

其中，$s_j=g(x)^{\mathrm{T}}V\phi(y_j)$，$y_j\in\mathcal{Y}^s$。该损失函数联合优化视觉语义嵌入层和图像编码器，以加强图像特征中的属性信息。

5.2.3 属性原型模块

本节提出属性原型模块(ProtoMod)，对语义属性进行视觉空间建模，学习属性在视觉空间的原型表示，并提出属性回归损失对该模块进行训练。为了解决由于属性共现导致的属性原型耦合问题，本节提出属性解耦合正则化损失函数，利用属性的语义信息对其视觉原型进行约束。该模块还有一个作用，即促进学习的图像特征蕴含局部属性信息，提高图像特征的属性定位能力。

1. 属性原型

属性原型模块的输入是图像编码器生成的特征 $f(x)\in\mathbb{R}^{H\times W\times C}$，其中空间位置 (i,j) 处的局部特征 $f_{i,j}(x)\in\mathbb{R}^C$ 对图像局部区域的信息进行了编码，如图 5.3 所示。本模块的主要目的是通过强化图像局部特征对相应位置的属性信息进行编码，提高图像特征的局部性和属性定位能力。为实现这一目标，用模型学习一组属性原型 $P=\{p_k\in\mathbb{R}^C\}_{k=1}^K$ 来预测图像局部特征中含有的属性，其中 p_k 表示第 k 属性的原型。如图 5.3 所示，p_1 和 p_2 分别对应于属性 trees 和 square building 的原型。

通过计算属性原型和图像局部特征的相似性，模型能够为每个属性生成一个相似性注意力图 M。例如，第 k 个属性的注意力图为 $M^k\in\mathbb{R}^{H\times W}$，其中每个元素由属性原型 p_k 与图像局部特征之间的点积计算得到：$M_{i,j}^k=\langle p\_k, f_{i,j}(x)\rangle$。相似性注意力图 M^k 中的最大值的第 k 个属性的预测值 $\hat{a}_k$ 如下：

$$\hat{a}_k=\max_{i,j}M_{i,j}^k \tag{5.4}$$

此处取最大值效果最好，因为该操作将每个视觉属性与其最相似的局部视觉特征相关联，并允许网络有效地定位属性。

2. 属性回归损失

本节利用类别属性信息监督属性原型的学习，并将属性预测任务转化为回归问题，最小化类别属性向量 $\phi(y)$ 与预测属性 $\hat{a}$ 之间的均方误差(mean square error, MSE)如下：

$$\mathcal{L}_{\mathrm{Reg}}=\left|\left|\hat{a}-\varphi(y)\right|\right|_2^2 \tag{5.5}$$

通过优化该回归损失，模型能够引导语义属性在数据空间中的准确编码，并增强图像特征的局部性。

图 5.3 的彩图

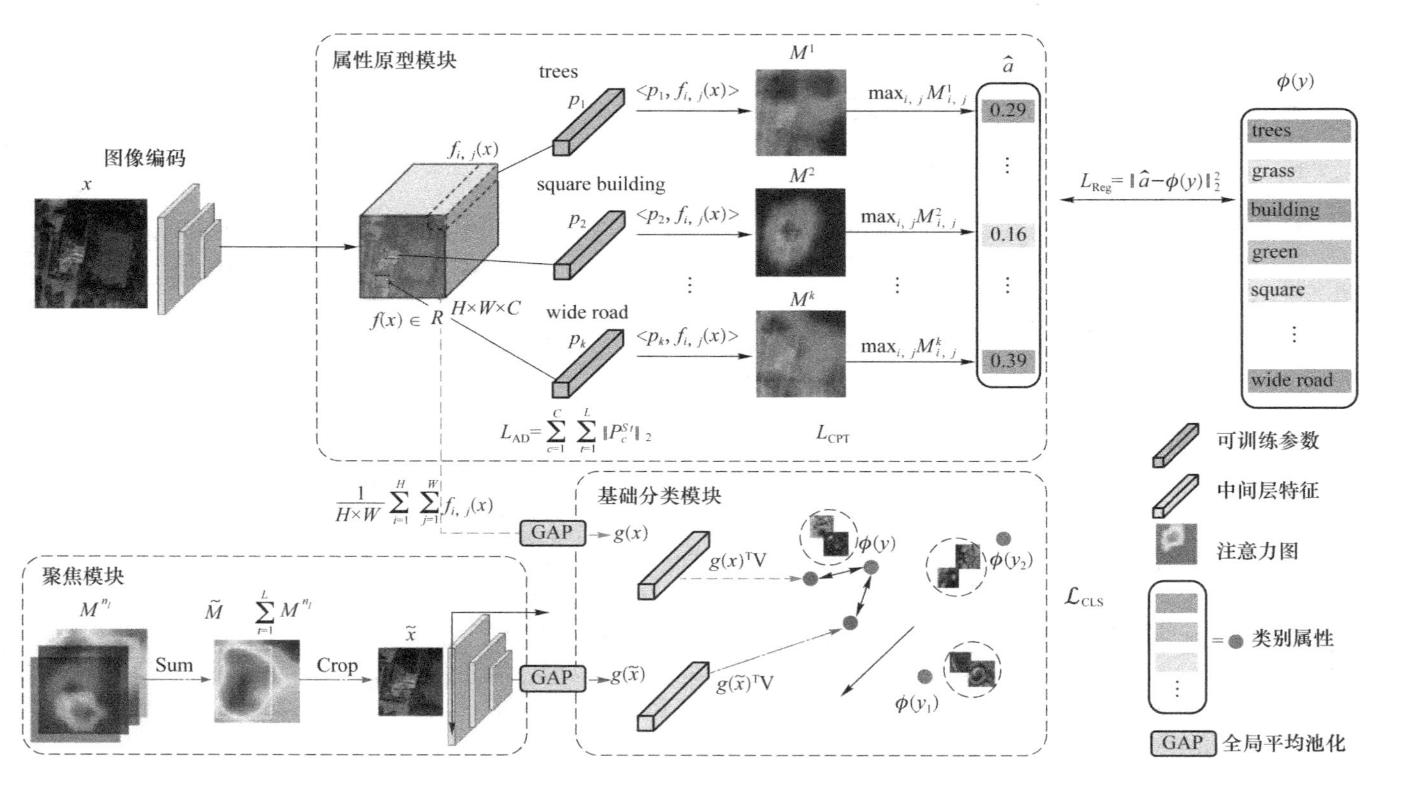

图 5.3 属性原型网络框架

3. 属性解耦合损失

尽管属性回归损失能够促进属性原型的学习，但无法解决由于属性经常共现导致的属性原型耦合问题。例如，由于“海洋”和“蓝色”属性经常同时出现，因此深度学习模型会错误利用这种共现信息，从而导致网络学习到的“海洋”和“蓝色”的属性原型发生混淆。本节通过鼓励相关属性之间的特征共享以及不相关属性之间的特征竞争，来约束属性原型的学习。属性相关性由其语义关系定义，如果两个属性具有某种语义联系，那么它们属于同一组，例如“蓝色”和“红色”属于同一组，因为它们都描述了颜色，而“海洋”应该属于另一个组。由此，本节将所有 K 个属性划分为 L 个不相交的组别，每个组的属性索引为 $S_1,\cdots,S_L$。

本节进而提出属性解耦合损失函数，鼓励不同组属性之间的特征竞争和相同组属性之间的特征共享，来约束属性原型的学习。对于每个属性组 S_l，其属性原型 $\{p_k \mid k\in S_l\}$ 可以连接成一个矩阵 $P^{S_l}\in\mathbb{R}^{C\times|S_l|}$，其中 $P_c^{S_l}$ 是 P^{S_l} 的第 c 行。属性解耦合损失函数的定义如下：

$$\mathcal{L}_{\mathrm{AD}}=\sum_{c=1}^{C}\sum_{l=1}^{L}\|P_c^{S_l}\|_2 \tag{5.6}$$

属性解耦合损失函数能够强制不同组的属性原型之间的特征竞争和同一组内的原型之间的特征共享，这有助于解耦不同组的属性原型。

4. 相似度图紧凑性损失

本模型提出相似度图紧凑性正则化损失，该损失能够限制相似度图，使其注意力较为集中而不是分散在图像各处：

$$\mathcal{L}_{\mathrm{CPT}}=\frac{1}{KHW}\sum_{k=1}^{K}\sum_{i=1}^{H}\sum_{j=1}^{W}M_{i,j}^{k}\left[(i-\tilde{i})^2+(j-\tilde{j})^2\right] \tag{5.7}$$

其中，$(\tilde{i},\tilde{j})=\mathrm{argmax}_{i,j}M_{i,j}^{k}$ 表示相似度注意力图 M^k 中最大值的坐标。该损失函数能够限制属性原型只与少量的局部图像特征相似，从而产生紧凑的相似度注意力图。

APN 模型计算得到的属性相似性注意力图还可用于定位图像中的不同属性。具体步骤如下，模型使用双线性插值将相似度注意力图 M^k 上采样至输入图像的相同尺寸，注意力图中的红色区域为相似度较高的区域，说明了某属性在图像中所在的区域。如图 5.3 所示，其中的相似度图显示了模型学习到的 trees（树木）、square buildings（方形建筑）和 wide road（宽广道路）的定位区域。值得注意的是，不需要任何属性在图像中的位置标注，APN 模型仅依赖类别属性就能够实现图像中的弱监督属性定位。

5.2.4 图像聚焦模块

此前的工作表明,信息量大的属性对于少样本学习中的知识迁移至关重要[9-11]。本节由此提出图像聚焦模块(ZoomInMod),突出信息大的属性相似度图所覆盖的图像区域,并摒弃没有信息量甚至有干扰作用的图像区域。模型将预测值较高的属性定义为信息量大的属性,更易于对少样本类别知识迁移产生积极影响。

如图 5.3 中的虚线所示,基础分类模块使用原始图像 x 执行分类任务。而图像聚焦模块则提出利用属性聚焦的区域 $\tilde{x}$ 进行图像分类,该区域由上一节中属性注意力图引导得到。如图 5.3 中虚点线所示,图像聚焦模块将每个属性组中信息量最大的属性相似度图相加,形成集合注意力图:

$$\tilde{M} = \sum_{l=1}^{L} M^{n_l}$$

其中,

$$n_l = \arg\max_{k \in S_l} a_k \tag{5.8}$$

其中,M^{n_l} 表示属性相似度图,n_l 是第 l 个属性组中预测最高的(信息量最大的)属性的索引。

为了从集合注意力图 $\tilde{M}$ 中提取有信息量的图像区域,该模块将 $\tilde{M}$ 按其平均值进行二值化,形成掩码 A:

$$A_{i,j} = \begin{cases} 1, & \tilde{M}_{i,j} \geqslant \bar{m} \\ 0, & \tilde{M}_{i,j} < \bar{m} \end{cases}$$

其中,

$$\bar{m} = \frac{1}{HW} \sum_{i=1}^{H} \sum_{j=1}^{W} \tilde{M}_{i,j} \tag{5.9}$$

二进制掩码 A 中值为 1 的区域被定义为信息区,值为 0 的区域被定义为非信息区,该掩码被上采样到输入图像的尺寸,并使用覆盖信息区的最小边界框来裁剪原始图像。裁剪后的图像 $\tilde{x}$ 被输入图像编码器,抽取更聚焦、更富有辨别信息的图像特征。

图像聚焦模块(ZoomInMod)在没有引入新的模型参数的情况下能够实现更精准的分类。ZoomInMod 工作时,基础分类模块 BaseMod 有两个图像输入,分别是原始图像 x 和聚焦图像 $\tilde{x}$,并通过视觉语义嵌入层 V 映射视觉特征 $g(x)$ 和 $g(\tilde{x})$ 进入属性空间,两个图像的类别预测值被合并为最终的预测值:

$$s = g(x)^{\mathrm{T}} V \phi(y) + g(\tilde{x})^{\mathrm{T}} V \phi(y) \tag{5.10}$$

并使用式(5.3)中的分类损失进行优化。

完整的APN网络使用以下损失函数同时优化图像编码器、基础分类模块(BaseMod)和属性原型模块(ProtoMod)：

$$\mathcal{L}_{\mathrm{APN}}=\mathcal{L}_{\mathrm{CLS}}+\lambda_1\mathcal{L}_{\mathrm{Reg}}+\lambda_2\mathcal{L}_{\mathrm{AD}}+\lambda_3\mathcal{L}_{\mathrm{CPT}} \tag{5.11}$$

联合训练增强了图像特征的局部性，提升了图像特征蕴含更大信息量的能力，这对于少样本学习中的知识迁移和特征的可辨别性的提高至关重要。

5.2.5 少样本分类模块

APN网络训练完成后，基础分类模块中的视觉语义嵌入层可以直接用于零样本的预测。对于零样本任务，给定目标类别的图像 x，模型通过ProtoMod和ZoomInMod抽取图像特征 $g(x)$ 和 $g(\tilde{x})$，并将它们输入基础分类模块，通过以下公式寻找与图像特征相似性最高的类别 $\hat{y}$：

$$\hat{y}=\underset{\tilde{y}\in Y^n}{\operatorname{argmax}}(g\ (x)^{\mathrm{T}}V\varphi(\tilde{y})+g\ (\tilde{x})^{\mathrm{T}}V\varphi(\tilde{y})) \tag{5.12}$$

对于广义零样本学习(GZSL)，模型需要同时预测可见和不可见的类别。为了解决类别样本数据不平衡导致的预测结果偏向源类别问题[12]，本模型应用校准堆叠(calibrated stacking,CS)[12]将源类别的预测分数降低一个常数因子 γ。具体来说，GZSL分类器被定义为：

$$\hat{y}=\underset{\tilde{y}\in y^n\cup y^s}{\operatorname{argmax}}(g(x)^{\mathrm{T}}V\phi(\tilde{y})+g(\tilde{x})^{\mathrm{T}}V\phi(\tilde{y}))-\gamma\boldsymbol{I}\left[\tilde{y}\in\mathcal{Y}^s\right] \tag{5.13}$$

若 $\tilde{y}$ 是源类别，则 $\boldsymbol{I}[\cdot]=1$；若 $\tilde{y}$ 是目标类别，则 $\boldsymbol{I}[\cdot]=0$。

由于APN网络能够学习更加聚焦局部区域的图像特征，因此其能够应用于其他少样本学习方法并进一步提高这些方法的效果。因此，除了使用基础分类模块进行类别预测之外，模型还可使用从图像编码器中提取的图像特征 $g(x)$，应用于其他的ZSL方法，如ABP[13]、f-VAEGAN-D2[4]和TF-VAEGAN[14]。

APN还能够替换其他少样本方法中的特征提取网络来进行少样本学习任务。在图像特征学习阶段，模型使用源类别 $S=\{x,y,\phi(y)|$ 中的训练样本来训练图像编码器 $f(\cdot)x\in X,y\in\mathcal{Y}^s\}$，并使用原始方法的损失函数以及本节提出的 $\mathcal{L}_{\mathrm{APN}}$ 损失函数进行训练。借助属性原型网络，模型可以学习对少样本分类具有辨别性的局部图像特征[15]并提高其性能。

此外，局部性增强的图像特征 $g(x)$ 也适用于生成式少样本学习方法[4,16]。本章利用从Image Encoder中提取的图像特征 $g(x)$ 来训练几种最先进的生成FSL方法[4,14]并提高它们的性能。

5.3 实验与分析

本节在零样本图像分类、少样本图像分类和属性定位 3 个不同的任务上分别系统评估了所提出的 APN 网络的性能表现。所采用的遥感图像数据集为大规模场景分类数据集 RSSDIVCS[17]，该数据集囊括了目前最常用的多个子数据集，含有 70 个细粒度场景类别。除此之外，本节还在普通场景光学图像数据集上验证了模型的泛化能力。实验表明，APN 网络中集成的属性原型模块能够有效提升模型在少样本场景下的预测能力以及图像特征的属性定位能力。

5.3.1 实验设置

本节首先介绍实验所使用的数据集，然后介绍实验环境，最后讨论实验用到的评价指标。

1. 数据集

RSSDIVCS 数据集是目前最大规模的针对遥感图像少样本分类任务数据集。由于之前的小规模数据集 UCM[18]、AID[19]、NWPU-RESISC45[20]、RSI-CB256[21]和 PatternNet[22]分别具有相对较少的场景类别，无法完全验证在类别数目较大情况下的少样本性能。且这些数据集的场景类别具有互补性，图像场景的分辨率类似，因此 RSSDIVCS 整合了这 5 个数据集的类别和图像。新的图像场景分类数据集由 70 个场景类别组成，每个类别包含 800 个场景。

本章节为 RSSDIVCS 数据集采集了 100 个语义属性，囊括目标的表面特性、场景功能、所用材料等各种特征。属性的标注主要分为两步，首先依据 3 个分组建立属性词库。每个类别随机选择 10 张图片，请标注者观察图片后标注属性，若该图片存在属性则标 1，反之则标 0，该类别的属性值为 10 张图像属性值的平均。整个标注过程十分快速，仅需一名没有专业知识的标注者耗时 8 h 完成。

为了充分考量 APN 模型在该数据集上的效果，本章将数据集中的 70 类图像划分为 3 种不同的源/目标类别划分，分别为 60/10，50/20，40/30，其中 60/10 指随机选取 60 个类别作为源类别，10 个类别作为目标类别。每个源类别的训练图片和测试图片数分别为 640 和 160，而目标类别的 800 张图像均用于测试。

除此之外，本节还在 3 个普通场景光学图像数据集上验证了模型的泛化能力。CUB[23]是细粒度鸟类分类数据集，包含来自 200 个类别的 11 788 张图像，具有312维人工标注的语义属性。属性被分为7组,分别对应鸟类的7个身体部位。CUB数据集的源/目标类别划分为150/50。SUN[24]是细粒度场景分类数据集,由来自717个场景的14 340张图像组成,其中102维人工标注的属性分为4组,描述了场景的功能、材料、表面特性和空间特性。SUN数据集的源/目标类别划分为645/72。AWA2[8]是一个粗粒度数据集,包含来自50个类别的37 322张图像。其属性维度为85,被划分为9组,分别描述动物的颜色、形状、纹理、身体部位、行为模式、营养来源、活动模式、栖息地等特性。AWA2数据集的源/目标类别划分为40/10。

2. 实验环境

为了训练APN网络,本节采用在ImageNet数据集[25]上预训练的ResNet101模型[7]作为图像编码器,并以端到端方式微调整个模型。训练过程采用Adam优化器[26],并设置$\beta_1=0.5$和$\beta_2=0.999$。网络的学习率初始化为10^{-6},且每隔10个时期(epoch)下降0.9。模型中的超参数基于验证集进行选择,设置如下:λ_1设置为0.01到0.1,λ_2为0.01,λ_3为0.2。

3. 评价指标

为准确衡量模型在不同类别图像上的整体预测能力,本章采用类别平均准确率评价零样本分类方法的指标。该指标计算了每个目标类$\mathcal{Y}^n$ Top-1准确率的平均值(T1):

$$\mathrm{acc}_{\mathcal{Y}} = \frac{1}{\|\mathcal{Y}\|}\sum_{c=1}^{\|\mathcal{Y}\|}\frac{\#\ \text{correct predictions in c}}{\#\ \text{samples in c}} \tag{5.14}$$

在广义零样本学习(GZSL)的设定中,数据不仅局限于目标类别,而是来自源类别和目标类别的并集$\mathcal{Y}^n \cup \mathcal{Y}^s$。充分衡量模型对于两种不同类别图像的学习能力,本章分别计算源类别和目标类别的类别平均准确率,并采用他们的调和平均值作为整体效果的评价指标:

$$H=\frac{2 * \mathrm{acc}\,\mathcal{Y}^n * \mathrm{acc}\,\mathcal{Y}^s}{\mathrm{acc}\,\mathcal{Y}^n+\mathrm{acc}\,\mathcal{Y}^s} \tag{5.15}$$

其中,$\mathrm{acc}\,\mathcal{Y}^s$和$\mathrm{acc}\,\mathcal{Y}^n$分别表示来自源类别和目标类别的类平均Top-1准确率。本章选择调和平均值而不是算术平均值作为评估标准,因为在算术平均中,如果源类别准确率远高于目标类别,整体结果仍然会呈现较高水平。与之相反,本章的目标是在两种类别的图像上都达到高精度预测。

本节利用两种常用的少样本学习原则评估所提出的APN网络的性能,即全路评估(all-way)和N-way K-shot评估。在全路评估中,FSL的任务是学习一个能够识别所有目标类样本的分类器$\mathcal{X}\rightarrow\mathcal{Y}^n$,而广义少样本分类(GFSL)的目标是训练一个能够同时识别所有目标类别和源类别样本的分类器 $\mathcal{X}\rightarrow\mathcal{Y}^n\cup\mathcal{Y}^s$。目标类别的样本数被设置为 1,2,5,10 和 20,分别用来测验在具有不同样本数目场景下 APN 网络的性能对比。本节在 FSL 评估中计算目标类的类别平均 Top-1 准确率。在 GFSL 评估中,计算目标类和源类别的类别平均 Top-1 准确率。

N-way K-shot 是为了适应基于元学习的少样本方法而设计的评估方式。其训练方法为从源类别中随机选择 N 类,并从每一类中随机选择 K 个样本作为训练样本、随机选择 B 个样本作为测试样本,构成一个子任务。采用这种划分方式可以从源类别中重复抽取多个子任务,并以此训练元分类器。在测试阶段,为了衡量分类器对目标类的分类效果,从目标类中随机选择 N 类,并从每一类的少量样本中随机选择 K 个样本作为训练样本,训练针对目标类的分类器。此类评估原则常采用 5-way 1-shot、5-way 5-shot 等小规模子任务。

5.3.2 零样本分类结果分析

本节分别在 RSSDIVCS 数据集和其他 3 个数据集上进行实验结果分析。

1. RSSDIVCS 数据集

1) 对比模型

为充分探究属性原型网络的性能,本节主要与两组模型对比,分别是基于兼容性函数的方法和基于生成式模型的方法。在计算机视觉领域,DMaP[27] 首先提出了双重视觉语义映射路径来解决零样本分类问题。作为岭回归[54] 的扩展,语义自动编码器(SAE)[28] 被提出来解决自然图像中的零样本分类问题,该模型将遥感图像视觉特征映射到语义属性空间,并寻找该空间最相近的类别标签。与上述基于特征映射并优化兼容性函数的方法不同,SPLE[29] 提出了语义保留局部嵌入来解决零样本分类问题。为专门解决遥感图像零样本分类问题,DAN[30] 提出了一种新的深度对齐网络,通过精心设计的约束条件,可以鲁棒地匹配潜在空间中的视觉特征和语义表示。LPDCMENs[17] 进一步提出了基于局部保留深度跨模态嵌入网络,旨在缓解视觉图像空间和语义属性空间之间的类域偏移问题,并且专门设计了一组可解释的约束来提高模型的稳定性和泛化能力。除了上述基于兼容性函数的方法外,本节还与生成式模型进行了对比。CIZSL[31] 采用了生成对抗网络(GAN)来分别生成源类别和目标类别的图像特征。CADA-VAE[32] 提出了结合自编码器(VAE)和生成对抗网络作为特征生成器。

2) 主要量化结果

本章量化对比了 3 种源类别和目标类别的划分方式下的结果。表 5.1 展示了本书APN模型与其他模型在RSSDIVCS数据集上的零样本分类表现。如表5.1所示，本书所提出的模型在3种类别划分方式下均取得了最优效果，尤其是在源类别/目标类别为60/10时，APN网络相比于其他基于契合度函数的网络和生成式模型，分类准确率提升了20%以上。由结果可知，加强属性的学习能够帮助模型区分未见过的目标类别图像。此外，APN网络优于其他两个专门为遥感图像设计的零样本分类模型，例如在源类别/目标类别为60/10时，两个为RSSDIVCS数据集设计的零样本分类模型分别达到43.8%和53.1%的准确率，而本书提出的APN网络的准确率能够达到72.1%。

表5.1　各模型在RSSDIVCS数据集零样本分类准确率对比

(%)

模型	在不同源类/目标类划分下零样本分类准确率		
	40/30	50/20	60/10
SAE	10.3±1.2	16.1±1.8	24.1±1.3
DMaP	12.3±1.1	16.6±2.0	30.4±2.1
CIZSL	8.2±2.4	12.3±2.2	21.3±4.1
CADA-VAE	29.2±2.6	40.9±2.0	51.9±2.9
LPDCMENs	21.6±0.3	24.9±0.3	43.8±0.7
DAN	31.6±1.3	43.6±1.9	53.1±2.3
APN(本书模型)	**34.6±0.5**	**45.2±0.4**	**72.1±0.8**

表5.2展示了APN网络与其他模型在广义零样本分类中的表现。相比于普通的零样本分类只要求分类目标类的测试样例，广义零样本分类面对一种更加现实的情况，即分类器被要求分类源类别和目标类别的测试样例。在这种情况下，APN网络的优势也能够体现。相比于其他主流零样本学习模型，本书提出的APN模型在源类/目标类划分为40/30时将分类准确率提升了6.1%。结合第5.3.2.2章说明，APN模型能够在光学遥感图像和自然图像中都取得较好效果，泛化性强。

表5.2　各模型在RSSDIVCS数据集广义零样本分类准确率对比

(%)

模型	在不同源类/目标类划分下零样本分类准确率		
	40/30	50/20	60/10
SAE	17.0±1.4	24.1±1.34	30.2±0.91
DMaP	16.2±1.06	22.6±1.17	31.0±1.51
CIZSL	8.5±0.58	14.1±1.27	23.1±0.56

续 表

模型	在不同源类/目标类划分下零样本分类准确率		
	40/30	50/20	60/10
CADA-VAE	25.4±0.59	30.2±2.41	36.2±2.28
DAN	26.1±1.24	31.9±0.92	36.2±1.33
APN(本书模型)	**32.2±0.36**	**33.6±0.75**	**40.4±0.25**

2. 自然图像分类数据集

本节对自然图像数据集 CUB、SUN、AWA2 上的零样本分类实验与结果进行分析。首先利用对照实验分析 APN 模型提出的各模块的有效性，然后阐述本节的对比模型，并分析主要实验结果。

1) 对照实验

表 5.3 展示了属性原型网络(APN)所提出的每个模块对零样本分类结果的影响。基线模型是利用交叉熵分类损失函数(式 5.3)训练的基础分类模块，逐步添加属性原型模块(ProtoMod)中的 3 个损失函数(属性回归损失 $\mathcal{L}_{Reg}$、属性解耦合损失 $\mathcal{L}_{AD}$ 和相似度图紧凑性损 $\mathcal{L}_{CPT}$)，最后添加图像聚焦模块(ZoomInMod)。

表 5.3 自然图像数据集定量对照实验

模型	CUB	AWA2	SUN
基础分类模块	70.0	64.9	60.0
+属性回归损失 $\mathcal{L}_{Reg}$	71.5	66.3	60.9
+属性解耦合损失 $\mathcal{L}_{AD}$	71.8	67.7	61.4
+相似度图紧凑性损 $\mathcal{L}_{CPT}$	72.0	68.4	**61.6**
+图像聚焦模块 ZoomInMod(最终模型)	**75.0**	**69.9**	61.5

结果表明，相比于基础分类模块，最终的 APN 网络将零样本分类精度提升了近 5%，其中主要的准确度增益来自属性回归损失和属性解耦合损失，以及增加图像特征信息量的图像聚焦模块。属性回归损失将性能提升了 1.5%(CUB)、1.4%(AWA2)和 0.9%(SUN)。这表明增强图像特征对于局部细节区域的关注能够帮助网络学习具有判别性的特征，并显著提高网络对未曾见过类别(目标类)的分类性能。属性解耦合损失抑制了共现属性的相关性，有助于属性在视觉空间中的准确建模，分别提高了 3 个数据集的分类效果(AWA2 提高了 1.4%，CUB 提高了 0.3%，SUN 提高了 0.5%)。约束属性相似度注意力图的紧凑性损失对零样本分类的准确性影响不大。而图像聚焦模块能够将图像边缘背景切除，突出显示信息丰富的图像区域，显著提高 CUB 数据集和 AWA2 数据集的性能(分别提升了 3.0% 和 1.5%)。图像聚焦模块的加入并没有提升 SUN 数据集的效果，原因是

SUN数据集为场景分类数据集，没有明确的前景和背景区分，图像聚焦模块将图像切除一部分后，会损失对场景分类有益的信息。

2）对比模型

本节将属性原型网络（APN）与两组模型进行比较，分别是：基于兼容性函数的方法，如AREN[33]，LFGAA＋Hybrid[34]，这些方法在训练阶段学习图像特征与类别语义属性之间的兼容性函数，在测试阶段将目标类的图像特征与语义属性进行匹配；基于生成模型的方法，如LisGAN[35]，CLSWGAN[36]，FREE[37]，ABP[13]，CVC[38]，GDAN[39]，f-VAEGAN-D2[4]，TF-VAEGAN[14]，这些方法在源类别上学习利用生成对抗网络或者自编码器生成图像特征，并通过目标类别的语义属性描述生成该类别的图像特征，从而训练分类器。

3）主要实验结果

表5.4量化对比了APN模型与其他基于兼容性函数的零样本模型。其中，T1指零样本分类条件下不可见类的分类准确率acc $\mathcal{Y}$，u、s、H分别指广义零样本分类场景下不可见类分类准确率acc $\mathcal{Y}^u$、可见类分类准确率acc $\mathcal{Y}^s$和它们的调和平均值H。实验发现，APN网络在所有数据集上均取得了最好的效果。在零样本分类任务上，APN网络相比于AREN模型效果提升显著，如CUB数据集提升了3.2％，AWA2数据集提升了2.0％。

表5.4 基于兼容性函数的零样本方法准确率对比

（％）

模型	CUB	AWA2	SUN	CUB			AWA2			SUN		
	T1	T1	T1	u	s	H	u	s	H	u	s	H
AREN[33]	71.8	67.9	60.6	63.2	69.0	66.0	54.7	79.1	64.7	40.3	32.3	35.9
LFGAA＋Hybrid[34]	67.6	68.1	61.5	36.2	80.9	50.0	27.0	93.4	41.9	18.5	40.4	25.3
APN（本书模型）	**75.0**	**69.9**	61.5	67.4	71.6	**69.4**	61.9	79.4	**69.6**	40.2	35.2	**37.5**

广义零样本分类（GZSL）是一个更具挑战性的任务，因为该场景下的模型需要同时预测来自源类别和目标类别的图像，而训练样本存在极端的数据不平衡问题。在GZSL设置下，APN对于调和准确率的提升显著高于其他方法。比如，APN模型在CUB数据集上取得了69.4％，远高于SGMA方法取得的48.5％；在SUN数据集上APN模型达到37.5％的调和准确率，远高于LFGAA＋Hybrid方法取得的25.3％。这表明本书提出的网络能够很好地平衡在源类别和目标类别上的性能。

由于APN网络中提取的图像特征更具有属性定位能力，能够促进类别共享的知识在源类别和目标类别间的转移，因此这些图像特征还能够提高生成式模型的性能。本节选择5种生成式零样本分类方法ABP[13]、GDAN[39]、CVC[38]、 f-VAEGAN-D2[4] 和 TF-VAEGAN[14] 测试 APN 网络的性能。为了便于对比，这些模型的训练均采用其论文中提出的方法。表 5.5 展示了将 APN 网络应用于 5 种生成式模型上的效果。实验结果表明，对于 5 个生成式模型，APN 网络均能够提升它们在 3 个数据集上的性能。例如，在 AWA2 数据集上，将 ABP 的精度从 68.5%提高到 73.8%，将 CVC 的性能从 64.6%提高到 71.2%。在细粒度数据集 CUB 和 SUN 上的性能提升也十分可观，例如 ABP 的准确性在 CUB 上从 70.7%提高到 73.3%，在 SUN 上从 62.6%提高到 63.1%。实验结果表明，APN 网络发掘了更多的图像局部属性信息，帮助生成模型合成有局部辨别性信息的图像特征。在广义零样本分类任务中，APN 网络也能持续提高生成式模型的调和平均值。例如，ABP 的准确率被提高了 2.7%(CUB)和 2.3%(AWA2)。由于属性解耦合损失实现了属性在视觉空间的高精度建模，促进了属性在源类别和目标类别间的转移，因而能够实现更平衡的准确率。

表 5.5 基于生成式零样本方法准确率对比

(%)

模型	CUB T1	AWA2 T1	SUN T1	CUB			AWA2			SUN		
				u	s	H	u	s	H	u	s	H
LisGAN[35]	58.5	70.6	61.7	46.5	57.9	51.6	52.6	76.3	62.3	42.9	37.8	40.2
CLSWGAN[36]	57.3	68.2	60.8	43.7	57.7	49.7	57.9	61.4	59.6	42.6	36.6	39.4
FREE[37]	—	—	—	55.7	59.9	57.7	60.4	75.4	67.1	47.4	37.2	41.7
ABP[13]	70.7	68.5	62.6	61.6	73.0	66.8	53.7	72.1	61.6	43.3	39.3	41.2
APN+ABP (本书模型)	73.2	**73.9**	63.4	65.5	74.6	69.8	57.4	72.3	64.0	46.2	37.8	41.6
CVC[38]	70.0	64.6	61.0	61.1	74.2	67.0	57.4	83.1	67.9	36.3	42.8	39.3
APN+CVC (本书模型)	71.0	71.2	60.6	62.0	74.5	67.7	63.2	81.0	**71.0**	37.9	45.2	41.2
GDAN[39]	—	—	—	65.7	66.7	66.2	32.1	67.5	43.5	38.1	89.9	53.4
APN+GDAN (本书模型)	—	—	—	67.9	66.7	67.3	35.5	67.5	46.5	41.4	89.9	**56.7**
f-VAEGAN-D2[4]	72.9	70.3	65.6	63.2	75.6	68.9	57.1	76.1	65.2	50.1	37.8	43.1
APN+f-VAEGAN-D2 (本书模型)	73.9	73.4	65.9	65.5	75.6	70.2	62.7	68.9	65.7	49.9	39.3	43.8
TF-VAEGAN[14]	74.3	73.4	65.4	65.5	75.1	70.0	58.3	81.6	68.0	45.3	40.7	42.8
APN+TF-VAEGAN (本书模型)	**74.7**	73.5	**66.3**	65.6	76.3	**70.6**	60.9	79.1	68.8	52.6	37.3	43.7

5.3.3 少样本分类结果分析

本节将首先介绍少样本分类(few-shot learning, FSL)场景下的对比模型,然后在两种评估场景下分析APN网络的性能。

1. 对比模型

本节在两种常用的少样本评价指标下评估APN属性原型网络,即全路评估和N-way K-shot评估。在全路评估(all-way)中,FSL的任务是学习一个能够识别目标类样本的分类器,而广义少样本分类(GFSL)的目标是训练一个能够同时识别目标类别和源类别样本的分类器。在全路评估中,本书将APN网络与几种生成式少样本方法进行了比较。Analogy[40]、f-VAEGAN-D2[4]和TF-VAEGAN[14]基于生成式方法增强图像特征。Imprinted[41]直接使用目标类图像的特征作为分类器权重。在少样本分类任务中,本章测试了目标类的类平均Top-1准确率,而在广义少样本分类任务中,测试了目标类和源类别的类平均Top-1准确率。在N-way K-shot评估中,本书将APN网络与基于元学习的FSL方法进行了比较。MatchingNet[42]、ProtoNet[43]和CloserLook[44]提出用度量学习方法优化表示学习模型。MAML[45]学习初始化模型权重,以便它可以有效地适应样本较少的目标类。在此设定下,本章测试了5-way 1-shot和5-way 5-shot的准确率。

2. 主要实验结果

表5.6展示了在全路评估下,APN网络在不同数据集上的少样本分类准确率。目标类别的样本数被设置为1,2,5,10和20,分别用来验证在具有不同样本数目场景下APN网络的性能。结果表明,由于属性原型能够提升图像特征对于局部属性的认知和特征的表示能力,APN网络在3个数据集均能够显著提升原始少样本模型的效果。在AWA2数据集上,与原始TF-VAEGAN模型相比,本书模型APN+TF-VAEGAN大幅提高了FSL准确度在目标类别样本数极少时的准确率。例如,在训练样本数为1、2、5和10时,模型准确率分别提高9.9%、8.4%、7.0%和6.2%(10-shot)。在细粒度数据集CUB和SUN上也能够观察到相同的提升趋势。

表5.6 少样本分类结果(全路评估)

模型	AWA2				CUB				SUN			
	1	2	5	10	1	2	5	10	1	2	5	10
Analogy[40]	62.5	81.3	82.4	87.8	56.5	69.5	78.0	81.1	40.0	49.0	67.6	75.5
Imprinted[41]	66.9	82.6	89.0	93.5	48.5	65.0	80.0	85.3	37.9	47.8	62.1	70.2

续 表

模型	AWA2				CUB				SUN			
	1	2	5	10	1	2	5	10	1	2	5	10
f-VAEGAN-D2[4]	75.0	87.9	90.5	93.1	76.1	79.6	83.4	85.9	**68.8**	69.5	70.0	70.9
APN+f-VAEGAN-D2（本书模型）	82.1	92.4	94.2	95.6	**77.8**	81.1	84.8	**87.1**	68.2	69.4	72.4	75.1
TF-VAEGAN[14]	77.3	84.4	87.7	89.8	75.6	81.1	83.5	85.6	68.1	68.5	68.9	74.0
APN+TF-VAEGAN（本书模型）	**87.2**	**92.8**	**94.7**	**96.0**	77.1	**82.6**	**85.2**	86.6	**68.8**	**69.9**	**74.1**	**76.0**

相比于其他 FSL 模型，本书提出的模型能够提高图像特征对于局部区域的关注，并可以更好地帮助特征生成器模拟真实的图像数据分布，因此促进分类效果的提升。例如，当目标类别只有一个训练样本时，APN 网络仍能够在 CUB 数据集上取得高达 77.8%的准确率，而 Analogy 和 Imprinted 只能取得 48.5%和 56.5%。这种效果也体现在 AWA2 数据集上，APN 网络能够取得 87.2%的准确率，而相比之下，Analogy 仅达到 66.9%。对比发现，APN 模型仅使用每个目标类别 1 个训练样本的准确率，可以和其他少样本模型使用 5 个样本训练的结果匹敌，这说明 APN 网络比其他模型更加适合样本极度匮乏的训练场景。此外，当环境中的训练样本的数量逐渐增加，即监督信息逐渐丰富时，其他 3 种方法无法再提供准确率的提升，而 APN 网络仍能够提高。这表明即使有大量的训练样本，局部增强的图像特征也会训练出比普通图像特征更具判别力的分类器。

表 5.7 对比了不同模型在更具挑战性的广义少样本分类场景的效果。结果表明，APN 模型通过利用属性信息生成了具有辨别性的图像特征，能够训练出能力更强的分类器，即使在源类别和目标类别测试样本混合时仍能够有效分类。如表 5.7所示，在 AWA2 数据集上，本书提出的模型 APN+TF-VAEGAN 在具有 1、2、5、10 个目标类训练样本时分别将准确度提高了 5.4%、4.8%、2.6%和 3.2%。

表 5.7 广义少样本分类结果(全路评估)

模型	AWA2				CUB				SUN			
	1	2	5	10	1	2	5	10	1	2	5	10
Analogy[40]	55.0	64.7	70.7	74.5	54.1	67.5	75.5	79.5	37.5	39.6	42.4	44.6
Imprinted[41]	44.7	50.5	70.0	88.1	57.0	67.5	75.5	79.5	37.7	38.9	42.4	42.5
f-VAEGAN-D2[4]	72.7	80.7	85.6	88.9	71.1	74.5	77.6	79.7	43.5	43.5	43.2	44.9
APN+f-VAEGAN-D2（本书模型）	74.6	83.3	86.9	89.7	**72.1**	76.1	**79.3**	**80.9**	43.1	44.0	45.5	45.9

续 表

模型	AWA2				CUB				SUN			
	1	2	5	10	1	2	5	10	1	2	5	10
TF-VAEGAN[14]	74.7	81.1	86.0	87.1	70.6	74.7	77.5	79.3	43.3	42.3	42.9	45.4
APN+TF-VAEGAN（本书模型）	**80.1**	**85.9**	**88.6**	**90.3**	71.7	**76.4**	78.9	80.4	**44.3**	42.9	**46.1**	**46.7**

表5.8展示了在N-way K-shot评估体系下的结果。本书使用APN网络作为图像特征编码器，利用抽取的图像特征训练DPGN分类器[15]，并且在CUB数据集达到最先进的准确性。结果表明，将属性原型网络集成到图像表示学习过程中有助于分类器学习局部增强特征。例如，在5-way 1-shot设定下，本书模型实现了77.4%的准确率，远高于CloserLook（68.4%）、RAP+ProtoNet（74.1%）。在5-way 5-shot设定下，本书提出的模型比CloserLook和RAP+ProtoNet分别提高了12.9%和3.0%。

表5.8 少样本分类结果(N-way K-shot评估)

模型	图像编码器	5way-1shot	5way-5shot
MatchingNet	ResNet18	72.4±0.90	83.6±0.60
ProtoNet	ResNet18	73.0±0.88	86.6±0.51
MAML	ResNet18	68.4±1.07	83.5±0.62
CloserLook	ConvNet	60.5±0.83	79.3±0.61
FEAT	ResNet12	68.87±0.22	82.90±0.15
RAP+ProtoNet	ResNet18	74.1±0.60	89.2±0.31
RAP+Neg-Margin	ResNet18	75.4±0.81	90.6±0.39
APN+DPGN(本书模型)	ResNet12	**77.4±0.44**	**92.2±0.24**

5.3.4 属性定位结果分析

本节评估所提出的APN网络对遥感图像分类数据集RSSDIVCS和其他自然图像分类数据集的属性定位能力。首先展示属性原型模块生成的属性相似度注意力图，进行定性评估，然后进行两项用户研究以测定属性相似度注意力图的准确性和语义一致性。本书还根据数据集提供的属性定位标签，对APN网络进行定量的评估，并对网络所提出的各模块进行对照实验。下文提供了消融研究和与其他方法的比较。

1. 定量评估

由于现有的遥感图像数据集不存在语义属性在图像中的位置标签，而鸟类细粒度分类数据集 CUB 提供了语义属性的图像定位，本节利用 CUB 数据集定量评估 APN 模型的属性定位能力。如图 5.4 所示，边界框标记每个属性相似度注意力图中关注度最高的图像区域，通过测量该定位区域与数据集提供的边界框的重叠度，计算相似度注意力图的定位精度。最终计算与鸟类每个身体部位相关的属性的正确定位比例（percentage of correctly localized parts，PCP）[46] 作为定位准确性指标。

图 5.4 的彩图

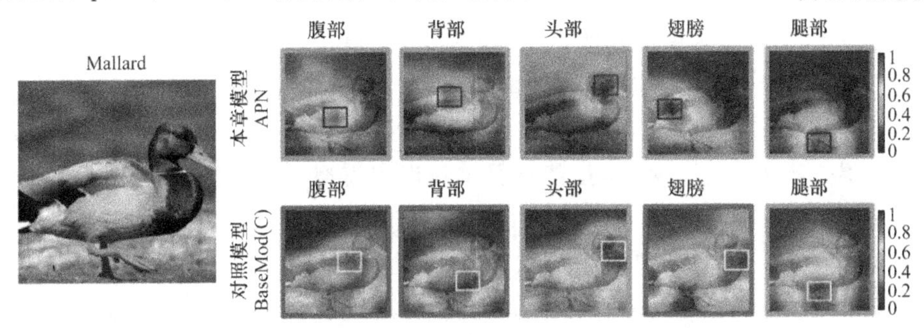

图 5.4　BaseMod 模型和 APN 模型每个属性相似度注意力图中关注度最高区域

表 5.9 展示了属性原型网络（APN）所提出的每个模块对属性定位的影响。基线模型是利用交叉熵分类损失函数〔式(5.3)〕训练的基础分类模块，并逐步添加属性原型模块（ProtoMod）中的 3 个损失函数，即属性回归损失 $\mathcal{L}_{\text{Reg}}$、属性解耦合损失 $\mathcal{L}_{\text{AD}}$ 和相似度图紧凑性损失 $\mathcal{L}_{\text{CPT}}$，最后添加图像聚焦模块（ZoomInMod）。表 5.9 中的数据说明，通过在基础分类模块 BaseMod 上逐步添加属性原型模块和图像聚焦模块，各属性的定位准确性均显著提升。例如，当使用联合损失进行训练时，APN 对胸部、头部、翅膀、腿等部位的属性定位准确率分别提高了 27.5%、44.5%、13.2%和 32.6%，而靠近鸟身中央的腹部和背部定位准确性提高较少。这一观察结果与图 5.4 中的定性结果一致，即基础分类模块更倾向于关注图像中最显著的区域（通常是鸟类的身体部位），而 APN 能够更准确地定位图像各区域的属性。通过对比引入各个模块前后的数据可知，属性回归损失能够帮助网络更准确地在视觉空间建模属性原型，从而提升属性定位的准确性。属性解耦合损失大幅度改善了属性定位精度，这突出了在学习属性原型时鼓励组内特征相似性和组间特征多样性的重要性。而相似度图紧凑性损失促进 APN 网络生成更加集中于属性区域的注意力图。

表 5.9　属性定位对照实验

模型	胸部	腹部	背部	头部	翅膀	腿部	平均
基础分类模块	40.3	40.0	27.2	24.2	36.0	16.5	30.7
＋属性回归损失 $\mathcal{L}_{\text{Reg}}$	41.6	43.6	25.2	38.8	31.6	30.2	35.2
＋属性解耦合损失 $\mathcal{L}_{\text{AD}}$	60.4	52.7	25.9	60.2	52.1	42.4	49.0
＋相似度图紧凑性损 $\mathcal{L}_{\text{CPT}}$	63.1	54.6	**30.5**	64.1	**55.9**	**50.5**	52.8
＋图像聚焦模块 ZoomInMod(最终模型)	**67.8**	**55.9**	29.4	**68.7**	49.2	49.1	**53.4**

本节还定量比较了本书模型 APN 网络和其他属性定位方法的效果。其他对比的方法如下：通过属性位置标签训练的强监督属性定位模型 SPDA-CNN[47] 和 MCG[48]；不使用属性位置标签，而仅凭属性类别标签训练的弱监督属性定位模型 SGMA[46]，该方法仅能定位鸟类的头部和腿部的属性。同时，本书使用交叉熵损失 $\mathcal{L}_{CLS}$ 训练 BaseMod 作为基线模型，并使用基于梯度的视觉解释方法 CAM[49] 来研究该模型以预测每个属性的图像区域。

表 5.10 展示了各模型属性定位的效果对比，结果表明本书提出的 APN 网络在几乎所有属性部位的准确率均达到最优。相比于基线模型，APN 将平均准确率提高了 22.7%。头部定位准确率从 24.2% 提升到 68.7%，腿部定位准确率从 16.5% 提升到 49.1%。APN 虽然是弱监督训练模型，但其准确率可以与强监督训练的模型相媲美。APN 与 SPDA-CNN 在胸部和翅膀的属性定位准确度相当。尽管在其他部位，如腿部和背部，APN 的定位准确率仍有欠缺，但该模型的优势在于不需要属性在图像上的标注，就可以实现弱监督训练，这大大扩展了模型在现实情况下的泛化性。SGMA 同样是弱监督定位模型，但由于其采用的定位方式是通过对图像特征的通道维度（channel）学习注意力，其效果远低于对图像特征的空间维度（width，height）学习注意力，因此 APN 有明显优势。表 5.10 显示，APN 显著提高了 SGMA 的定位准确率平均值，从 61.5% 提升至 79.9%。此外，APN 的另一个优势是能够定位所有属性，而 SGMA 只能定位与两个身体部位相关的属性。

表 5.10 属性定位定量评估

模型	使用定位标注训练	定位框大小	胸部	腹部	背部	头部	翅膀	腿部	平均
SPDA-CNN[47]	√	$\frac{1}{4}$	67.5	63.2	75.9	90.9	64.8	**79.7**	73.6
MCG[48]	√		34.4	34.2	43.4	90.6	51.7	53.4	51.3
基线模型	×	$\frac{1}{4}$	40.3	40.0	27.2	24.2	36.0	16.5	30.7
APN(本书模型)			67.8	55.9	29.4	68.7	49.2	49.1	53.4
SGMA[46]	×	$\frac{1}{\sqrt{2}}$	—	—	—	74.9	—	48.1	61.5
APN(本书模型)			**88.1**	**81.3**	**71.6**	**91.4**	**76.2**	70.8	**79.9**

2. 定性评估

本节分别对 RSSDIVCS 数据集和其他数据集的属性注意力图进行定性评估，并提出两个用户调查实验进行评估。

1) RSSDIVCS 数据集

图 5.5 展示了 RSSDIVCS 数据集上不同模型的效果。本节将 APN 网络与对照模型 BaseMod(C)相比,其中 BaseMod(C)的属性注意力图用基于梯度的视觉解释方法 CAM[49]生成。APN 网络能够在遥感图像中定位各种性质的属性,如颜色属性、形状属性、局部地物等。此外,相比于 BaseMod(C)模型,本章提出的 APN 模型能够更加精细地标注属性的位置,如定位复杂地物区域中的轨道(第 6 行第 1 列)、树木(第 6 行第 3 列)。此外,研究发现 APN 网络能够在同一张图像中定位出不同的属性,例如在海洋场景中定位水和砂砾。

图 5.5 的彩图

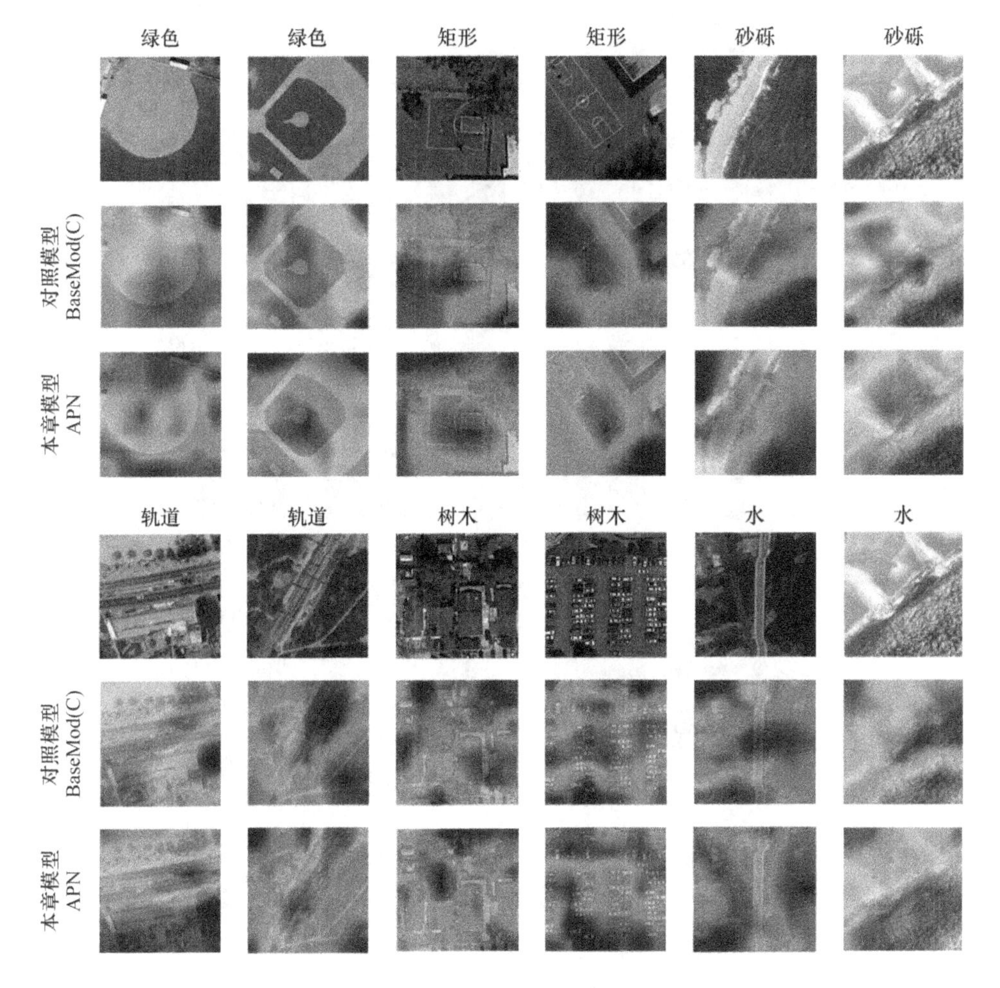

图 5.5 不同模型在 RSSDIVCS 数据集上定性对比

2）自然图像分类数据集

图 5.6 将本书提出的 APN 网络在 AWA2 和 SUN 数据集上与两个对照模型进行了比较。其中 BaseMod(C)的属性注意力图用基于梯度的视觉解释方法 CAM[49]生成，而 BaseMod(GC)的属性注意力图用 Grad-CAM[50]生成。

图 5.6 的彩图

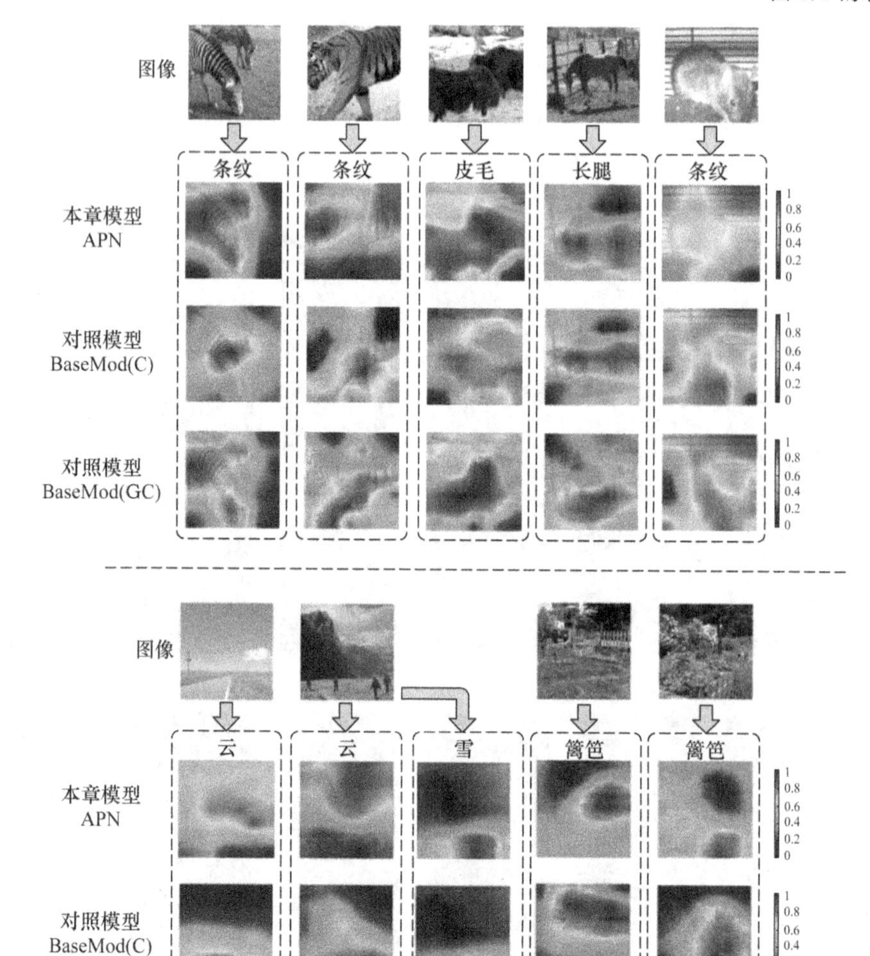

图 5.6　不同模型在 AWA2 和 SUN 数据集上属性定位定性对比

在 AWA2 数据集中(图 5.6 左侧)，APN 网络能够为属性生成精确的注意力图。网络可以在图像中定位具有不同外观的同一视觉属性，以“条纹”属性为例，模型可以定位斑马的黑白条纹和老虎的黑黄条纹，而 BaseMod(C)和 Grad-CAM 无法定位老虎身上的条纹。此外，APN 网络能够精确覆盖具有相关属性的图像区域，如“皮毛”和“长腿”的注意力图可以精确地覆盖牛和马的图像区域(第 2 行，第 3,4 列)，而 BaseMod(C)只能定位图像的一部分。综上，APN 网络能够以弱监督的方式学习属性定位，并为零样本学习的推理过程提供视觉依据。

3）用户调查

由于 CUB 数据集是唯一包含属性定位标注的数据集，本节提出了两个用户调查方案来评估其他数据集属性相似度注意力图的准确性和语义一致性，并在用户调查中将 APN 网络的结果与对照模型 BaseMod 的结果进行对比，其注意力图由 Grad-CAM 和 CAM 两种深度学习视觉解释方法可视化得到。

本节首先评估属性注意力图的准确性，即是否精确地关注与属性相关的图像区域。如图 5.7(a)所示，每个测试都是针对属性 a_i 的一个元组(M^i_{APN}，M^i_{BaseMod}，a_i)，其中 M^i_{APN}是由 APN 网络生成的属性注意力图，而 M^i_{BaseMod}是由 BaseMod 生成的属性注意力图。在调查中将元组呈现给参与者，他们需要从两个模型生成的两个注意力图中选择，哪一张图更准确地覆盖属性相关区域。本实验随机抽取 20 个视觉属性，并使用 APN 网络以及对照模型 BaseMod 生成 50 个注意力图。本节将 APN 网络与 Grad-CAM 和 CAM 可视化的 BaseMod 模型分别进行比较，共创建 100 个测试元组。每个实验由 5 名受试者进行评估。本节对每个参与者的回答进行平均，并在表 5.11 中展示整体准确率和每个受试者之间的标准差。表中展示的结果为受试者将一种模型的结果标记为比另一种结果更准确的百分比。结果表明，本章提出的 APN 网络属性注意力图的准确率大大优于 BaseMod。当比较 APN 网络生成的属性注意力图和 CAM 可视化的 BaseMod 时，APN 被受试者标记为更准确地覆盖了属性的占比为 76.0%。而 APN 被认为比 Grad-CAM 更准确的占比为 74.4%。用户研究结果与前述章节中的定性结果一致，说明 APN 能够在图中将属性准确地定位。

表 5.11 用户调查结果

评估项	模型	结果
属性定位准确性评估	APN vs CAM	**76.0**% vs 24.0%(±5.1%)
	APN vs Grad-CAM	**74.4**% vs 25.6%(±2.9%)
语义一致性评估	CAM	55.0%(±3.2%)
	Grad-CAM	60.0%(±5.5%)
	APN	**89.0**%(±3.7%)

其次，本节衡量属性注意力图的语义一致性，即模型学习的属性原型在不同图像上的注意力图是否具在语义上是一致的，并且是否可以被人类理解。每个测试

样例都是一个元组($\mathcal{M}^i, a_i, a_j$),其中 a_i 是目标属性,a_j 是一个在语义上类似于 a_i 的干扰属性。$\mathcal{M}^i=\{M_1^i, M_2^i, M_3^i\}$ 是从属性 a_i 在不同图像的注意力图中随机抽取的 3 个样例。如图 5.7(b)所示,受试者通过用户界面观察测试样例,他们的任务是辨别 3 张注意力图指的是哪个属性,是 a_i 还是 a_j。例如,受试者被呈现了属性"水"的 3 张注意力图,并被要求辨别这些注意力图属于属性"水"还是"草"。本实验将正确解决此类任务的平均准确度定义为评判注意力图质量的指标。

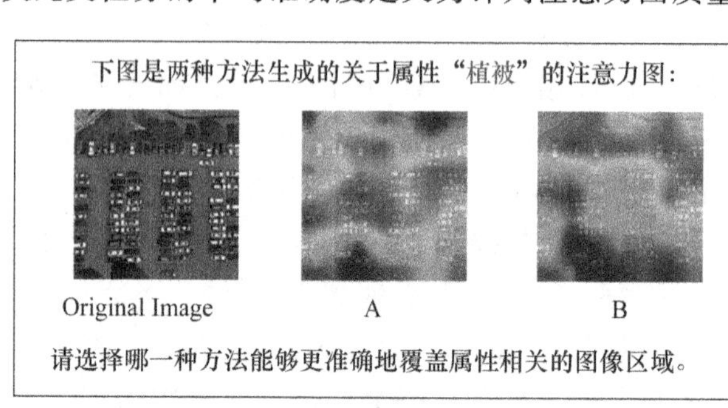

(a) 属性定位准确性评估

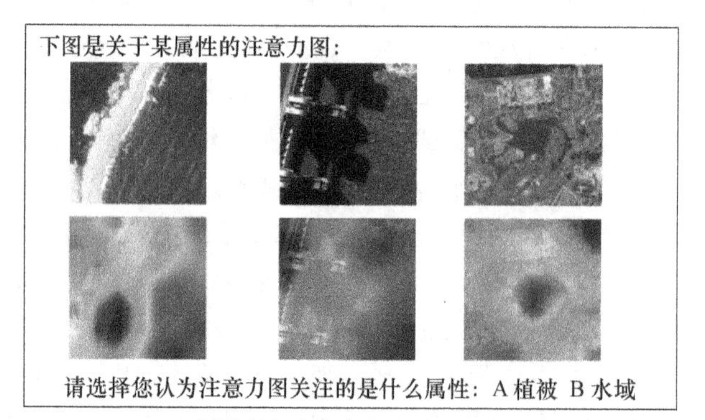

(b) 属性相似度注意力语义一致性评估

图 5.7 用户调查界面

图 5.7 的彩图

本节对 3 种模型(APN, BaseMod+CAM 和 BaseMod+Grad-CAM)分别采样 20 个元组,分别进行了 3 个实验来评估这 3 种方法。每个实验由 5 名受试者进行评估,共有 10 名计算机科学专业的学生参加了实验。最终将所有受试者在实验中的准确率进行平均,作为该模型的语义一致性。并在表 5.11 中展示了总体准确度和每个用户之间的标准差。用户受试准确率越高,说明该属性的注意力图具有越高的一致性,并且传达出人类可以理解的语义。研究结果表明,APN 网络生成的注意力图具有高度的语义一致性,可以在 89.0%的情况下与正确的属性相关联,而来自 BaseMod+CAM 的注意力图只能达到 55.0%的准确度。BaseMod+Grad-CAM 的结果稍高,为 60.0%,但仍比 APN 低 29.0%。结果说明,APN 网络能够生成语义连贯的属性注意力图,并且可以被人类理解。虽然干扰属性 a_j 与目标的属性 a_i 有着非常相似的语义〔如图 5.7(b)所示〕,APN 注意力图仍然可以帮助用户找到正确答案。该结果同样表明,APN 网络在未来具有机器教学的潜质,可以为用户展示模型对属性的认知,以及揭示模型的运行机理。

5.4 本章小结

本章针对遥感图像分类中的少样本和零样本问题,提出基于深度属性建模迁移的分类模型。本章的主要贡献如下:①将遥感图像少样本和零样本分类整合到统一的框架下,并提出属性原型网络进行分类;②属性原型网络从图像局部特征中学习属性原型,通过提出属性回归和解耦合损失,实现属性在视觉空间的高精度建模;③网络能够将属性原型从具有较多训练样本的源类别学到的知识迁移至样本量较少的目标类别,拟合类别视觉空间分布,利用属性建模信息弥补训练样本少带来的问题;④在 4 个数据集上的定量实验和定性实验结果证明,本章提出的属性原型网络能够实现高精度图像少样本和零样本分类,尤其是在零样本遥感场景分类任务中,较其他国际领先算法精度提升超过 10%;此外,本章提出的网络能够实现弱监督属性精准定位,能够在一定程度上解释少样本分类模型的运行机理和决策机制。

本章参考文献

[1] 梁洪昱. 小样本条件下的遥感图像分类方法研究[D]. 哈尔滨:哈尔滨工业大学, 2018.

[2] 彭志茂. 面向图像识别的小样本深度学习方法研究[D]. 南京:南京理工大学, 2020.

[3] 陈鹏. 有限训练样本条件下的分类器构建与应用[D]. 北京:北京科技大学, 2020.

[4] XIAN Yongqin, SHARMA S, SCHIELE B, et al. f-vaegan-d2: A feature generating framework for any-shot learning[C]//The IEEE/CVF Computer Vision and Pattern Recognition Conference. Long Beach: IEEE, 2019c: 10267-10276.

[5] TOKMAKOV P, WANG Yuxiong, HEBERT M. Learning compositional representations for few-shot recognition[C]//IEEE/CVF International

Conference on Computer Vision. Seoul:IEEE,2019: 6381-6390.

[6] 陈泓. 基于潜在属性字典学习的零样本细粒度目标分类[D]. 厦门:厦门大学，2019.

[7] HE Kaiming, ZHANG Xiangyu, REN Shaoqing, et al. Deep residual learning for image recognition[C]//The IEEE/CVF Computer Vision and Pattern Recognition Conference. Las Vegas:IEEE,2016:770-778.

[8] XIAN Yongqin, LAMPERT C H, SCHIELE B, et al. Zero-shot learning-a comprehensive evaluation of the good, the bad and the ugly[J]. TPAMI, 2019,41(9): 2251-2265.

[9] LIU Yang, GUO Jishun, CAI Deng, et al. Attribute attention for semantic disambiguation in zero-shot learning [C]//International Conference on Computer Vision. Seoul:IEEE, 2019: 6697-6706.

[10] GUO Yuchen, DING Guiguang, HAN Jungong, et al. Zero-shot learning with attribute selection [C]//AAAI. New Orleans: AAAI, 2018: 6870-6877.

[11] LIU Liangchen, WILIEM A, CHEN Shaokang, et al. Automatic image attribute selection for zero-shot learning of object categories[C]//ICPR. Stockholm: IEEE, 2014: 2619-2624.

[12] CHAO Weilun, CHANGPINYO S, GONG Boqing, et al. An empirical study and analysis of generalized zero-shot learning for object recognition in the wild[C]//European conference on computer vision. Amsterdam: Springer, 2016:52-68.

[13] ZHU Yizhe, XIE Jianwen, LIU Bingchen, et al. Learning feature-to-feature translator by alternating back-propagation for generative zero-shot learning[C]//International Conference on Computer Vision. Seoul:IEEE, 2019a: 9843-9853.

[14] NARAYAN S, GUPTA A, KHAN F S, et al. Latent embedding feedback and discriminative features for zero-shot classification [C]// European conference on computer vision. Glasgow: Springer, 2020: 479-495.

[15] YANG Ling, LI Liangliang, ZHANG Zilun, et al. Dpgn: Distribution propagation graph network for few-shot learning[C]//The IEEE/CVF Computer Vision and Pattern Recognition Conference. Seattle: IEEE, 2020:13387-13396.

[16] GUAN Jiechao, LU Zhiwu, XIANG Tao, et al. Zero and few shot

learning with semantic feature synthesis and competitive learning[J]. IEEE Transactions on Pattern Analysis and Machine Intelligence, 2020,43(7): 2510-2523.

[17] LI Yansheng, ZHU Zhihui, YU Jingang, et al. Learning deep cross-modal embedding networks for zero-shot remote sensing image scene classification[J]. IEEE Transactions on Geoscience and Remote Sensing, 2021, 59(12): 10590-10603.

[18] YANG Yi, NEWSAM S. Bag-of-visual-words and spatial extensions for land-use classification [C]//Proceedings of the 18th SIGSPATIAL international conference on advances in geographic information systems. San Jose, CA: Springer, 2010: 270-279.

[19] XIA Guisong, HU Jingwen, HU Fan, et al. Aid: A benchmark data set for performance evaluation of aerial scene classification [J]. IEEE Transactions on Geoscience and Remote Sensing, 2017, 55 (7): 3965-3981.

[20] CHENG Gong, HAN Junwei, LU Xiaoqiang. Remote sensing image scene classification: Benchmark and state of the art[J]. Proceedings of the IEEE, 2017, 105(10): 1865-1883.

[21] LI Haifeng, DOU Xin, TAO Chao, et al. Rsi-cb: A large-scale remote sensing image classification benchmark using crowdsourced data[J]. Sensors, 2020, 20(6): 1594.

[22] ZHOU Weixun, NEWSAM S, LI Congmin, et al. Patternnet: A benchmark dataset for performance evaluation of remote sensing image retrieval[J]. ISPRS journal of photogrammetry and remote sensing, 2018, 145: 197-209.

[23] WAH C, BRANSON S, WELINDER P, et al. The Caltech-UCSD Birds-200-2011 Dataset: CNS-TR-2011-001 [R]. California Institute of Technology, 2011.

[24] PATTERSON G, XU Chen, SU Hang, et al. The sun attribute database: Beyond categories for deeper scene understanding[J]. IJCV, 2014, 108(1-2): 59-81.

[25] DENG Jia, DONG Wei, SOCHER R, et al. Imagenet: A large-scale hierarchical image database[C]//The IEEE/CVF Computer Vision and Pattern Recognition Conference. Miami:IEEE, 2009: 248-255.

[26] KINGMA D P, BA J. Adam: A method for stochastic optimization[C]//

ICLR. San Diego, CA: OpenReview. net, 2015.

[27] LI Yanan, WANG Donghui, HU Huanhang, et al. Zero-shot recognition using dual visual-semantic mapping paths[C]//The IEEE/CVF Computer Vision and Pattern Recognition Conference. Honolulu: IEEE, 2017: 5207-5215.

[28] KODIROV E, XIANG Tao, GONG Shaogang. Semantic autoencoder for zero-shot learning[C]//The IEEE/CVF Computer Vision and Pattern Recognition Conference. Honolulu:IEEE, 2017: 3174-3183.

[29] TAO S Y, YEH Y R, WANG Y C F. Semantics-preserving locality embedding for zero-shot learning[C]//BMVC. London: Springer, 2017.

[30] LI Yansheng, KONG Deyu, ZHANG Yongjun, et al. Robust deep alignment network with remote sensing knowledge graph for zero-shot and generalized zero-shot remote sensing image scene classification[J]. ISPRS Journal of Photogrammetry and Remote Sensing, 2021, 179: 145-158.

[31] ELHOSEINY M, ELFEKI M. Creativity inspired zero-shot learning[C]// Proceedings of the IEEE/CVF International Conference on Computer Vision. Seoul:IEEE,2019: 5784-5793.

[32] SCHONFELD E, EBRAHIMI S, SINHA S, et al. Generalized zero-and few-shot learning via aligned varia-tional autoencoders[C]//The IEEE/CVF Computer Vision and Pattern Recognition Conference. Long Beach, CA:IEEE, 2019:8247-8255.

[33] XIE Guosen, LIU Li, JIN Xiaobo, et al. Attentive region embedding network for zero-shot learning[C]//The IEEE/CVF Computer Vision and Pattern Recognition Conference. Long Beach, CA: IEEE, 2019: 9376-9385.

[34] LIU Yang, GUO Jishun, CAI Deng, et al. Attribute attention for semantic disambiguation in zero-shot learning [C]//International Conference on Computer Vision. Seoul:IEEE,2019: 6697-6706.

[35] LI Jingjing, JING Mengmeng, LU Ke, et al. Leveraging the invariant side of generative zero-shot learning[C]//The IEEE/CVF Computer Vision and Pattern Recognition Conference. Long Beach, CA: IEEE, 2019a: 7394-7403.

[36] XIAN Yongqin, LORENZ T, SCHIELE B, et al. Feature generating networks for zero-shot learning[C]//The IEEE/CVF Computer Vision and Pattern Recognition Conference. Salt Lake City: IEEE, 2018:

5542-5551.

[37] CHEN Shiming, WANG Wenjie, XIA Beihao, et al. Free: Feature refinement for generalized zero-shot learning[C]//International Conference on Computer Vision. ELECTR NETWORK:IEEE,2021a: 122-131.

[38] LI Kai, MIN M R, FU Yun. Rethinking zero-shot learning: A conditional visual classification perspective [C]//International Conference on Computer Vision. Seoul:IEEE, 2019b: 3582-3591.

[39] HUANG He, WANG Changhu, YU P S, et al. Generative dual adversarial network for generalized zero-shot learning[C]//The IEEE/CVF Computer Vision and Pattern Recognition Conference. Long Beach, CA:IEEE,2019: 801-810.

[40] HARIHARAN B, GIRSHICK R. Low-shot visual recognition by shrinking and hallucinating features [C]//International Conference on Computer Vision. Venice:IEEE,2017: 3037-3046.

[41] QI Hang, BROWN M, LOWE D G. Low-shot learning with imprinted weights[C]//The IEEE/CVF Computer Vision and Pattern Recognition Conference. Salt Lake City:IEEE,2018: 5822-5830.

[42] VINYALS O, BLUNDELL C, LILLICRAP T, et al. Matching networks for one shot learning[C]//Conference on Neural Information Processing Systems. Barcelona: MIT Press, 2016: 3630-3638.

[43] SNELL J, SWERSKY K, ZEMEL R. Prototypical networks for few-shot learning[C]//Advances in neural information processing systems. Long Beach: MIT Press,2017: 4077-4087.

[44] FU Jianlong, ZHENG Heliang, MEI Tao. Look closer to see better: Recurrent attention convolutional neural network for fine-grained image recognition[C]// The IEEE/CVF Computer Vision and Pattern Recognition Conference. Honolulu:IEEE,2017: 4438-4446.

[45] FINN C, ABBEEL P, LEVINE S. Model-agnostic meta-learning for fast adaptation of deep networks [C]//ICML. Sydney: ACM, 2017a: 1126-1135.

[46] ZHU Yizhe, XIE Jianwen, TANG Zhiqiang, et al. Semantic-guided multi-attention localization for zero-shot learning [C]//Conference on Neural Information Processing Systems. Vancouver: MIT Press, 2019b: 14917-14927.

[47] ZHANG Han, XU Tao, ELHOSEINY M, et al. Spda-cnn: Unifying semantic part detection and abstraction for fine-grained recognition[C]//

The IEEE/CVF Computer Vision and Pattern Recognition Conference. Seattle:IEEE,2016: 1143-1152.

[48] ARBELÁEZ P, PONT-TUSET J, BARRON J T, et al. Multiscale combinatorial grouping[C]//The IEEE/CVF Computer Vision and Pattern Recognition Conference. Columbus:IEEE, 2014: 328-335.

[49] ZHOU Bolei, KHOSLA A, LAPEDRIZA A, et al. Learning deep features for discriminative localization[C]//The IEEE/CVF Computer Vision and Pattern Recognition Conference. Seattle: IEEE, 2016: 2921-2929.

[50] SELVARAJU R R, COGSWELL M, DAS A, et al. Grad-cam: Visual explanations from deep networks via gradient-based localization[C]// International Conference on Computer Vision. Venice: IEEE, 2017: 618-626.

第6章
面向遥感图像分类的视觉属性自动化挖掘

6.1 引 言

属性获取方式主要可分为3类:人类标注、语料发掘和视觉发掘。目前大部分相关研究都使用人类标注的属性进行模型的训练和学习。由于属性能够有效解决底层特征和高层类别之间的“语义鸿沟”[1],因此被用作众多计算机视觉任务的辅助信息,如时尚趋势预测[2]、语义分割[3]、目标检测[4]、人脸识别和生成[5,6]和细粒度分类等[7]。尽管人类标注属性已经在众多任务中表现出其优越性,但其标注过程需要大量人力投入以及专家知识。此外,人类无法为所有类别标注属性,尤其是在遥感图像分类领域,由于目标的特性往往涉及专业知识,属性标注需要大量专家参与,其标注过程的成本较大。

为减少属性标注过程中使用的人力成本,部分研究工作旨在从在线语料库中发掘属性,并自动或半自动实现类别的属性值标注,这类属性被称为语料发掘属性。这部分工作包括从大型语料库学习类别的词语嵌入,如Word2Vec嵌入[8]、Glove嵌入[9]等,还包括从类别知识图谱中抽取的类别语义表示[10,11]。

虽然人工标注和语料发掘的属性能够反映出类别的语义信息,但其仍存在3点不足:①人工标注属性过程需要大量人力投入以及专家知识。尤其是在遥感图像分类领域,由于目标的特性往往涉及专业知识,属性标注需要大量专家参与,其标注过程的成本较大。②人工标注和语料发掘的属性在视觉空间不完备。受限于人类对世界的认知局限,属性无法遍历视觉空间里的所有特征;且语料挖掘的属性标注方法大多利用在线的文字材料,而没有直接关注图像的视觉特征。因此视觉空间中一些具有辨别性的特征可能无法被此类属性捕捉。③语义空间和视觉空间存在域偏移。人类标注和语料发掘的部分属性可能无法直接被机器从图像中感知,如“令人愉悦的”“食草性”等非视觉属性。因此,上述两种属性在深度学习模型中的应用受到部分限制。

面临以上问题,本书提出针对遥感图像和自然图像的视觉属性发掘网络(visually-grounded attribute discovery network, VADN),从视觉空间自动挖掘属性,以增加属性的视觉完备性和可辨识性,同时减少属性标注过程中所需要的人力物力(人类标注属性和本章自动发掘属性如图 6.1 所示)。本章贡献总结如下:

(1) 提出了创新的视觉属性发掘网络。本章学习的视觉属性是低层图像特征整合后得到的中层特征。这类属性既含有人类可理解的语义特征,又包括机器可检测的视觉特征;并且能够完备地挖掘视觉空间里的所有属性,形成对人类标注的属性和语料挖掘属性的补充。

(2) 提出了视觉属性聚类模块。该模块将大量局部图像切片按其视觉相似度聚类形成属性簇,从图像底层特征中归纳不同类别实例所共享的视觉属性特征,并且能够实现自动化图像属性标注。

(3) 提出了类别关系模块。在少量外部知识源(如类别词嵌入)的辅助下学习类别关系,能够将属性知识从源类别转移到目标类别,实现没有训练图像的目标类别的高精度属性标注。

(4) 实验表明,本章提出的视觉属性发掘网络能够发掘和标注与人工标注属性互补的视觉属性,提高属性在视觉空间的完备性和可辨别性,这对于细粒度分类中发现图像局部的关键性信息、少样本学习中类别之间的知识转移有重要促进作用。本章所挖掘的属性在 4 个基准数据集的少样本分类和细粒度分类任务上取得显著效果提升。

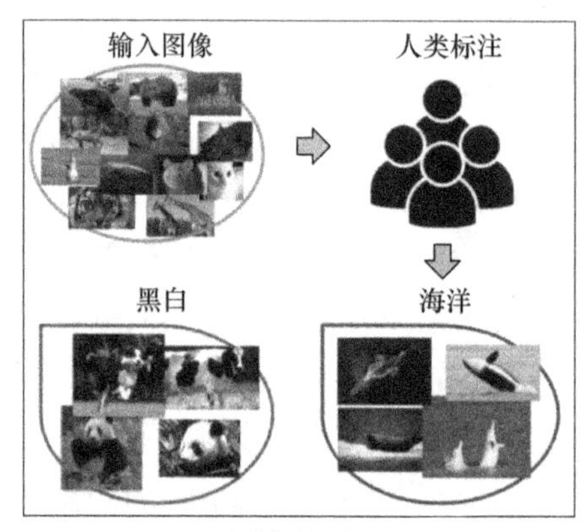

人类标注属性

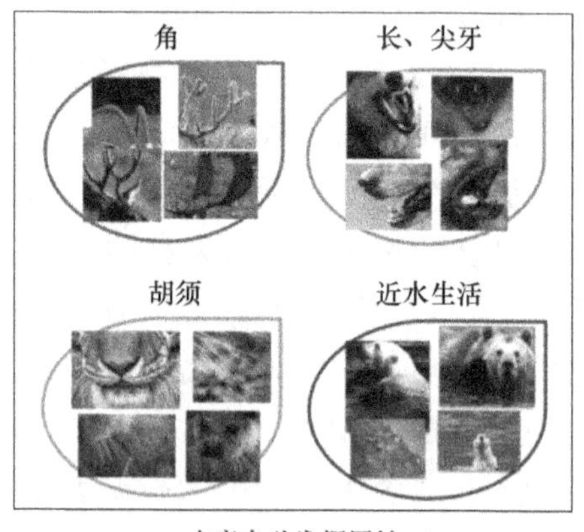

本章自动发掘属性

图 6.1 人类标注属性和本章自动发掘属性

6.2 视觉属性发掘网络

本节首先介绍属性发掘问题的相关数学定义，然后依次阐述视觉属性发掘网络的视觉属性聚类模块、类别关系发掘模块的结构和网络的损失函数。

6.2.1 问题定义

本书提出的视觉属性发掘网络（visually-grounded attribute discovery network, VADN），能够自动通过视觉相似性挖掘属性簇（attribute clusters），为图片和类别标注其属性值。本书旨在利用具有大量训练样本的源类别 Y^s 训练视觉属性发掘网络，并且学习的视觉属性能够拓展到仅有少量或者没有样本的新类别中（目标类别 Y^u）。

训练集可以表示为$\{(x_n, y_n) | x_n \in X^s, y_n \in Y^s\}_{n=1}^{N_s}$，其中包含来自源类别的训练图片 x_n 及其标签 y_n。VADN 模型能够自动地发掘 D_v 个视觉属性簇，并预测每个类别的视觉属性值，表示为 $\Phi^{\mathrm{VADN}} \in \mathbb{R}^{(|Y^u|+|Y^s|)\times D_v}$。其中源类别的属性值为$\{\phi^{\mathrm{VADN}}(y) | y \in Y^s\}$，是通过源类别图片 X^s 预测得到的。而仅含有少量图片的目标类属性$\{\phi^{\mathrm{VADN}}(y) | y \in Y^u\}$无法利用图片预测得到属性值。因此本书提出通过发掘源类别和目标类别的语义关系，将源类别学习得到的属性值转移至任意目标类。类别之间的语义关系可以由类别名称的词向量学习而得。例如，源类别和目标类别的 Word2Vec 词向量可以表示为 $\Phi^w \in \mathbb{R}^{(|Y^u|+|Y^s|)\times D_w}$。

如图 6.2 所示，本书提出的 VADN 网络由两个主要模块组成。①视觉属性聚类（patch clustering, PC）模块以训练数据集为输入，依据视觉相似性将图像局部切片（patch）聚类成 D_v 个属性簇。此外，给定一张输入图像 x_n，PC 模块可以预测该图像出现在每一个属性簇中的概率 $a_n \in \mathbb{R}^{D_v}$，以此作为图像包含每个属性簇中视觉属性的可能性。②类别关系（class relation, CR）模块学习源类别和目标类别的关系，预测没有训练样本的目标类属性。最后，本章学习到的类别属性 Φ^{VADN} 可用于提升下游任务的性能，如少样本学习、图像细粒度分类等。

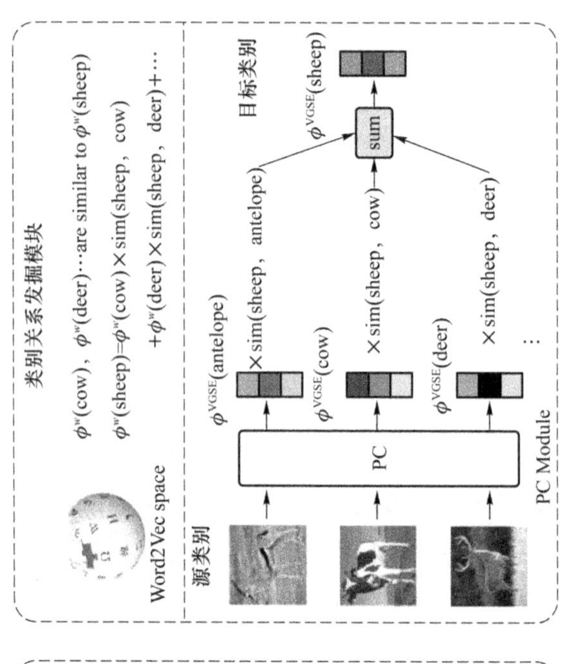

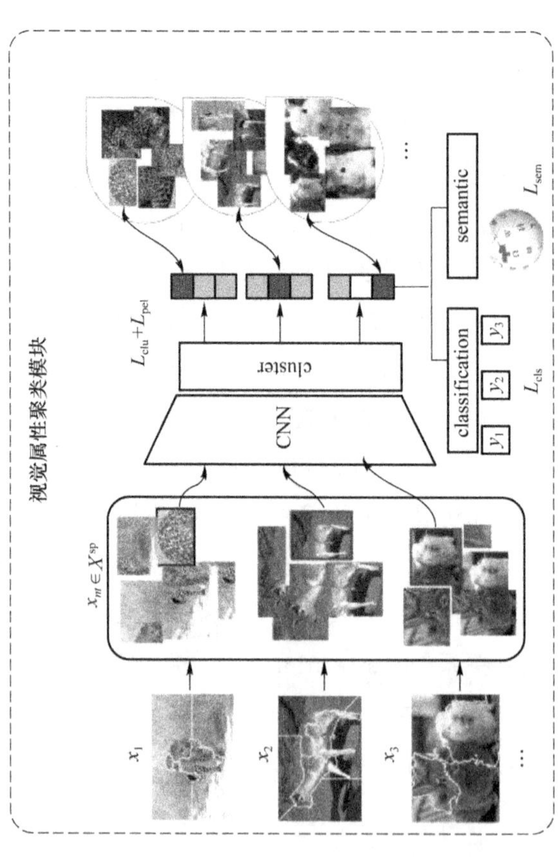

图 6.2 视觉属性发掘网络结构

6.2.2 视觉属性聚类模块

由于属性通常出现在图像的局部区域，例如场景中局部区域的形状和纹理[12,13]，因此本章提出利用图像局部切片的聚类来发掘视觉属性簇。本章将详细介绍图像局部切片的获取方式，视觉属性聚类模块(patch clustering，PC)以及相关损失函数，以及如何预测源类别图片的属性值。

1. 图像局部切片获取

将图像进行网格状切片为最简单的局部切片方式，然而此方法可能将有语义含义的目标随机切割，例如将飞机的机翼切成两半。为获得覆盖完整语义目标的图像局部切片，本节利用无监督紧凑分水岭分割算法[14]将图像分割成具有规则形状的区域。为了从图像的分割结果中得到局部切片，如图6.2所示，对于每个图像x_n，本节利用完全覆盖每个分割区域的最小边界框将x_n裁剪成N_t个切片$\{x_{nt}\}_{t=1}^{N_t}$，分别覆盖图像的不同区域。由图像切片组成的训练集为$\{(x_{nt},y_n)\mid x_{nt}\in X^{sp},y_n\in Y^s\}_{n=1}^{N_s}$，其中$|X^{sp}|=N_sN_t$，$N_s$为所有图像切片集合，而$N_sN_t$为训练集图像切片的数量。

2. 视觉属性聚类

本节通过视觉属性聚类模块，利用图像切片的视觉相似性发掘属性簇。该聚类模块是可微分的深度神经网络，给定图像切片，该网络能够同时学习图像切片的特征和并对其进行聚类。如图6.2左侧所示，该网络首先包含一个提取切片特征的深度卷积神经网络$\theta(x_{nt})\in\mathbb{R}^{D_f}$。抽取图像特征后，通过聚类层$H:\mathbb{R}^{D_f}\rightarrow\mathbb{R}^{D_v}$将预测该特征被聚类到每一个属性簇中的概率为：

$$a_{nt}^k=H\circ\theta(x_{nt}) \tag{6.1}$$

其中，a_{nt}^k(a_{nt}的第k元素)表示将图像切片x_{nt}聚类到第k个属性簇的概率。

本书提出基于视觉相似性的聚类损失函数训练该聚类网络。针对输入网络的图像切片x_{nt}，首先基于欧氏距离寻找视觉空间中与x_{nt}相似的其他切片x_i：$\|\theta(x_{nt})-\theta(x_i)\|_2$，构成相似切片集$X_{nb}^{sp}$。然后提出聚类损失函数，强制图像切片$x_{nt}$及其相似切片集被聚类到同样的属性簇：

$$L_{\text{clu}}=-\sum_{x_{nt}\in X^{sp}}\sum_{x_i\in X_{nb}^{sp}}\lg(a_{nt}^{\mathrm{T}}a_i) \tag{6.2}$$

其中，$a_i=H\circ\theta(x_i)$为图像切片x_i的属性预测值。

为了避免上述损失函数将所有图像切片预测到同一个属性簇，本书提出了熵惩罚损失，通过增加图像切片的属性预测熵，确保图像均匀分布在所有属性簇中：

$$L_{\text{pel}}=\sum_{k=1}^{D_v}\bar{a}_{nt}^k\lg\bar{a}_{nt}^k,\quad \bar{a}_{nt}^k=\frac{1}{N_sN_t}\sum_{x_{nt}\in X^{sp}}a_{nt}^k \tag{6.3}$$

3. 类别可辨别性损失

属性是描述图像类别特征的重要工具，为了增强所学属性簇的类别可辨别性，使其能够分辨类别之间的显著性差异，本书提出将可辨别性信息加入属性发掘中。通过学习全连接层 $Q:\mathbb{R}^{D_v}\rightarrow\mathbb{R}^{|Y^s|}$，将每张图片的属性预测映射为其类别预测概率：$p(y|x_{nt})=\mathrm{softmax}(Q\circ\theta(x_{nt}))$，然后使用交叉熵损失训练模型，以加强属性簇的类别可辨别性：

$$L_{\mathrm{cls}}=-\lg\frac{\exp(p(y_n|x_{nt}))}{\sum_{\hat{y}\in Y^s}\exp(p(\hat{y}|x_{nt}))}\tag{6.4}$$

4. 语义联系损失函数

本节旨在学习类别之间共享的属性簇，如住宅区和商业区都具有的建筑属性。共享的属性能够促进知识在类别之间的转移，有利于下游的少样本学习任务。因此本节提出鼓励属性簇学习类别之间的语义联系，为实现这个目标，通过学习全连接层 $S:\mathbb{R}^{D_v}\rightarrow\mathbb{R}^{D_w}$，将每张图片的属性预测映射为类别的语义标签，此处使用类别名称的 Word2Vec 标签。然后通过回归损失训练模型，以加强属性簇的语义联系：

$$L_{\mathrm{sem}}=\|S\circ a_{nt}-\phi^{w}(y_n)\|_2\tag{6.5}$$

其中，y_n 表示输入图像 x_n 的类别标签，$\phi^{w}(y_n)\in\mathbb{R}^{D_w}$ 表示 y_n 类的 Word2Vec 语义标签。

综上，训练 PC 模块的总体损失函数如下：

$$L=L_{\mathrm{clu}}+\lambda L_{\mathrm{pel}}+\beta L_{\mathrm{cls}}+\gamma L_{\mathrm{sem}}\tag{6.6}$$

5. 目标类属性预测

本节通过训练好的视觉属性聚类模块，预测每个图像的属性值，以及相应类别的属性值。PC 模块训练完成后，能够学习到多个具有不同视觉特征的属性簇。给定输入图像切片 x_{nt}，PC 模块提取特征 $\theta(x_{nt})$，然后预测图片的属性值 $a_{nt}=H\circ\theta(x_{nt})\in\mathbb{R}^{D_v}$，其中每个维度表示图像切片 x_{nt} 被聚类到某个属性簇可能性。完整图像 x_n 的图像属性值 $a_n\in\mathbb{R}^{D_v}$ 是通过平均该图像中的所有切片的属性值来计算的：

$$a_n=\frac{1}{N_t}\sum_{t=1}^{N_t}a_{nt}\tag{6.7}$$

类似地，通过平均属于类别 y_n 的所有图像属性值来计算 y_n 的类别属性：

$$\phi^{\mathrm{VADN}}(y_n)=\frac{1}{|I_i|}\sum_{j\in I_i}a_j\tag{6.8}$$

其中，I_i 是属于 y_n 类的所有图像的索引，$|I_i|$ 表示属于 y_n 类的所有图像数量，而 a_j 表示第 j 个图像的属性。自此就完成了在源类别上的属性发掘和类别属性值的计算。

6.2.3 类别关系发掘模块

视觉属性聚类模块实现了属性簇的学习和属性值的预测。虽然源类别可以使用式(6.8)从训练图像中预测视觉属性值。但现实情况中存在着大量少样本类别，其视觉属性无法通过图像进行预测。本节旨在解决目标类别由于少样本或无样本导致的属性预测问题。由于语义相关的类别共享部分属性，例如公园区域和学校区域都含有树木，IL-76运输机和KC-130加油机都含有机翼、发动机等部件，因此可以通过语义相关的源类别属性来预测目标类别的属性。

本节提出类别关系发掘模块来学习源类别 Y^s 和目标类别 Y^u 之间的相似性，并通过该相似性预测目标类别属性。通常，本节可采用任何外部语义知识来学习两个类别之间的相似性，例如 Word2Vec[15] 或者 glove[16] 等类别语义嵌入或人工注释的属性，都可以用来学习两个类之间的关系。下文以从大型在线语料库中学习的 Word2Vec 为例说明所提出的类别关系发掘模块。该模块提出了两种学习类别关系的解决方案，直接对 Word2Vec 空间中相邻类别的属性进行平均，或者优化目标类和所有源类别之间的相似性矩阵。

1. 加权平均(weighted average，WAvg)

给定目标类 y_m，本节的目的是预测其类别属性值。首先模型在 Word2Vec 空间通过欧氏距离检索与目标类最相似的源类别 Y^s_{nb}。然后目标类别 y_m 的属性值可以用过源类别属性值的加权平均获得[17]：

$$\phi^{\mathrm{VADN}}(y_m)=\frac{1}{|Y^s_{nb}|}\sum_{\tilde{y}\in Y^s_{nb}}\mathrm{sim}(y_m,\tilde{y})\cdot\varphi^{\mathrm{VADN}}(\tilde{y}) \tag{6.9}$$

其中，权重为基于欧氏距离计算的类别相似度：

$$\mathrm{sim}(y_m,\tilde{y})=\exp(-\eta\,\|\phi^w(y_m)-\phi^w(\tilde{y})\|_2) \tag{6.10}$$

其中，exp 是指数函数，η 是调整相似度权重的超参数。本章将使用加权平均策略学习的类别属性表示为 VADN-WAvg。

2. 相似性矩阵优化(similarity matrix optimization，SMO)

不同于上一节，目标类别的属性由与其最相似的几个类别属性加权得到，本节通过优化目标类别和所有源类别的相似性矩阵，预测其属性值。给定源类别的 Word2Vec 语义标签 $\phi^w(Y^s)\in\mathbb{R}^{|Y^s|\times D_w}$，和目标类别 y_m 的 Word2Vec 语义标签 $\phi^w(y_m)$，本节学习了相似性映射 $r\in\mathbb{R}^{|Y^s|}$，其中 r_i 表示目标类 y_m 和第 i 个源类别之间的相似性。相似性映射 r 通过以下优化问题学习：

$$\begin{aligned}&\min_r \|\phi^w(y_m)-r^{\mathrm{T}}\phi^w(Y^s)\|_2\\&\text{s.t.}\quad \alpha<r<1\quad\text{and}\quad\sum_{i=1}^{|Y^s|}r_i=1\end{aligned} \tag{6.11}$$

此处 α 是相似性映射值的下限，可以取值 0 或 −1，分别控制了网络只学习类关系之间的正相关关系，或者同时学习负相关关系。

此相似性映射学习的理论基础是 Word2Vec 等语义标签遵循线性映射。例如，$\phi^{w}(\text{king})-\phi^{w}(\text{man})+\phi^{w}(\text{woman})\approx\phi^{w}(\text{queen})$，这一理论基础适用于 Word2Vec 语义标签以及本章节学到的类别属性值 ϕ^{VADN}。在目标类别和源类别的语义映射学习完成后，目标类别 y_m 的属性值预测为：

$$\phi^{\text{VADN}}(y_m)=r^{\text{T}}\phi^{\text{VADN}}(Y_s) \tag{6.12}$$

其中，目标类别 y_m 的属性值是所有源类别属性值的加权和。本章节将使用相似性矩阵优化(SMO)学习的类别属性表示为 VADN-SMO。

6.3 实验与分析

本节首先介绍实验设置，然后利用对照实验分析 VADN 网络各模块的作用，之后利用定性分析和用户调查展示本章挖掘视觉属性的效果，最后在零样本图像分类、细粒度图像分类两个不同的任务上系统评估 VADN 网络的性能表现。

6.3.1 实验设置

1. 数据集

本节所采用的数据集与第 4 章相同。遥感图像数据集采用大规模场景分类数据集 RSSDIVCS[18]，该数据集集合了目前最常用的多个子数据集，具有 70 个细粒度场景类别。除此之外，本节还在普通场景光学图像数据集 CUB[19]、AWA2[20]、SUN[21] 上验证了模型的泛化能力。

2. 实验环境

在视觉属性聚类(PC)模块中，本章采用在 ImageNet-1K 数据集[22] 上预训练的 ResNet50 网络[23] 作为基础神经网络。视觉属性簇的个数 D_v 设置为 150。本节设置 10^{-4} 的权重衰减和 10^{-4} 的学习率来使用 ADAM 优化器[24]。在类别关系模块(CR)中预测目标类别的属性时，对于式(6.9)中的加权平均模块，本节将所有数据集的 η 设置为 5，并对所有数据集使用 5 个邻居。对于式(6.11)中的相似度矩阵优化，本节将 AWA2 和 CUB 数据集的 α 设置为 −1，SUN 数据集设置为 0。所有超参数是在验证集上选择的。

3. 对比方法

为公平起见，本书将 VADN 学习的属性与其他方法获得的属性进行比较时，均使相同的模型和图像特征。所有的图像特征都是从在 ImageNet-1K[22]上预训练的 ResNet101[23]模型中提取得到。所有对照实验都使用 SJE 模型[25,26]。此外，本节在 5 个最先进的模型上的验证了属性的泛化能力。非生成式模型包括 SJE[25]，APN[26]，GEM-ZSL[27]，这些模型学习图像与属性之间的兼容性函数，并以此获得分类依据。生成式模型包括 CADA-VAE[28]和 f-VAEGAN-D2[29]，这类模型学习一个生成模型(如生成对抗网络或变分自编码器)，利用类别属性生成目标类别的图像特征。

6.3.2 对照实验

本节在零样本图像分类任务上，依次对属性发掘网络(VADN)的视觉属性聚类模块(PC)和类别关系发掘模块(CR)进行对照实验，验证网络各模块的效果。

1. 视觉属性聚类模块对照实验

1) 与其他视觉属性发掘方法的比较

本节首先将视觉属性聚类模块挖掘的属性与其他方法进行对比。对比方法包括 ResNet-SMO 和 K-means-SMO。ResNet-SMO 通过将图像切片 x_{nt} 输入预训练的 ResNet50 模型来提取得到的图像特征，并利用式(6.7)和式(6.8)来得到源类别的属性。K-means-SMO 是属性聚类模块的替代方案，通过 K-means[30]聚类方法将 PC 模块中学到的图像特征 $\theta(x_{nt})$ 聚类到 D_v 视觉集群中。该方法通过计算图像切片特征 $\theta(x_{nt})$ 与聚类中心之间的余弦相似度得到属性值 a_{nt}^k。上述两种方法均不能直接生成目标类属性，因此目标类属性是由本书提出的类别关系模块中的相似形矩阵优化方法(SMO)预测得到。

表 6.1 展示了不同属性学习方法在 3 个数据集上的零样本分类(ZSL)实验结果，包括两种不同的属性发掘方法、本章的两个基线模型，以及本章提出的完整模型。实验结果分析如下。第一，K-means-SMO 与只利用聚类损失训练的基线模型 $L_{clu}+L_{pel}$ 取得了差不多的分类效果。而本章提出的聚类方法的优势是，可以以端到端的方式训练网络。第二，分类损失 L_{cls} 的添加对使用 L_{clu} 和 L_{pel} 训练的基线模型分类效果有显著提升，而语义联系损失函数的引入 L_{sem} 进一步提高了属性的性能。例如，通过引入上述 4 个损失函数，VADN-SMO 模型分别在 AWA2、CUB 和 SUN 上获得了 5.8%、9.4%和 9.5%的改进。实验结果表明，增加类别可辨别性和语义联系可以使模型发掘的属性在分类任务中获得更好的性能。第三，本章提出的 VADN-SMO 属性的分类性能比 ResNet-SMO 方法在 AWA2、CUB 和 SUN 上的分类性能分别提高了 4.7%、2.1%和 8.6%。由此可知，本章模型中学习到的属性簇能够在不同的类别之间共享，并且当训练集和测试集不相交时会产生更好的泛化能力。

表 6.1 对照实验一：属性聚类模块与其他方法对比

属性发掘方法	零样本分类		
	AWA2	CUB	SUN
K-means-SMO	54.5±0.4	15.0±0.5	25.2±0.4
ResNet-SMO	57.7±0.3	24.0±0.1	27.2±0.1
基线模型：$L_{clu}+L_{pel}+$SMO	56.6±0.2	16.7±0.2	26.3±0.3
基线模型：$L_{clu}+L_{pel}+L_{cls}+$SMO	61.2±0.1	23.7±0.2	30.5±0.2
本章模型：VADN-WAvg	57.7±0.2	25.8±0.3	35.3±0.2
本章模型：VADN-SMO	62.4±0.3	**26.1**±0.3	**35.8**±0.2

2）属性簇数目 D_v 对照实验

为测量属性聚类模块中属性簇的个数 D_v 对最终属性质量的影响，本节使用不同的 D_v 训练 PC 模块，在两个数据集上的结果如图 6.3 所示。当直接从图片中抽取目标类别的属性时，属性簇的维度不会影响源类别的分类精度（图中上方虚线）。而在零样本分类设定下，目标类别的属性是通过目标类与源类别的关系中预测而得的（VADN-SMO），属性簇数目会影响分类的性能。在属性簇个数上升到临界点之前（$D_v=200$），属性的性能也逐步提高（其分类准确率从 58.4%上升到 62.5%）。其原因是，模型挖掘到的属性簇包含视觉上相似的图像切片，且图像切片来自不同的类别，可以对跨类别之间的视觉关系进行建模。然而继续增加属性簇的数量会产生规模较小的属性簇，其中的图片可能来自同一个类别，属性丧失类别共享性后其泛化能力下降。

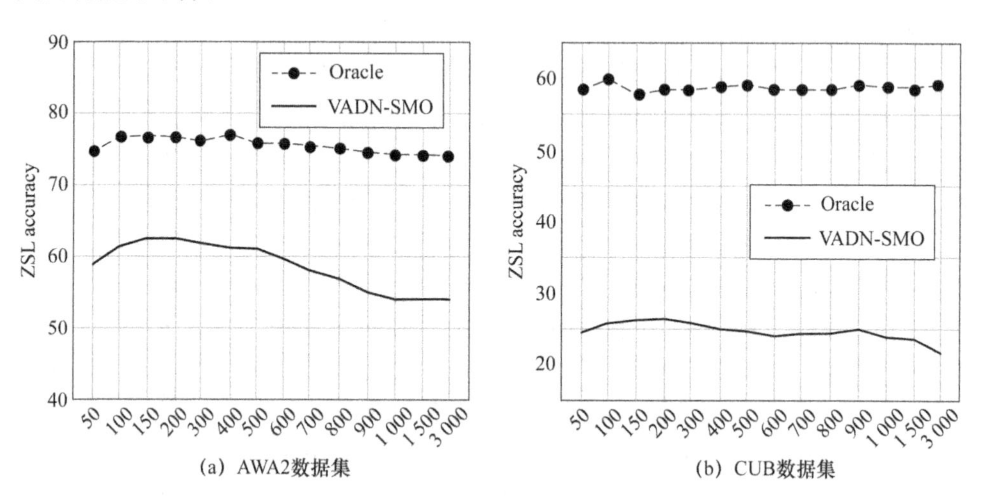

图 6.3 对照实验二：属性簇个数对分类准确率的影响

3）图像切片对照实验

本书进一步研究 VADN 模型所提出的使用图像切片来进行属性聚类的效果，验证使用图像切片进行聚类的效果与使用单张图像的效果对比，以及图像切片的数量应该如何设置。图 6.4 中的实验结果表明，随着每张图像的切片数量从 1(单图像聚类)增加到 9，模型挖掘的属性性能也逐步提高。其原因是用于属性聚类的图像切片包含局部语义对象，能够帮助视觉知识在类别之间进行转移。但当每张图像的切片数量过多时，会导致切片较小而无法包含一致的语义信息，因而属性的性能下降。例如，AWA2 数据集上的分类准确度从切片数量 $N_t=9$ 时的 62.4%下降到切片数量 $N_t=128$ 时的 58.7%。此外，本书还将分水岭分割算法生成的图像切片与使用 3×3 网格获得的常规切片进行了比较。通过比较发现，使用分水岭算法作获得图像切片区域的方法会导致分类准确率提升(在 AWA2 上提升了 8.2%)，因为该算法获得的图像切片倾向于覆盖更完整的对象，而不是随机裁剪区域。

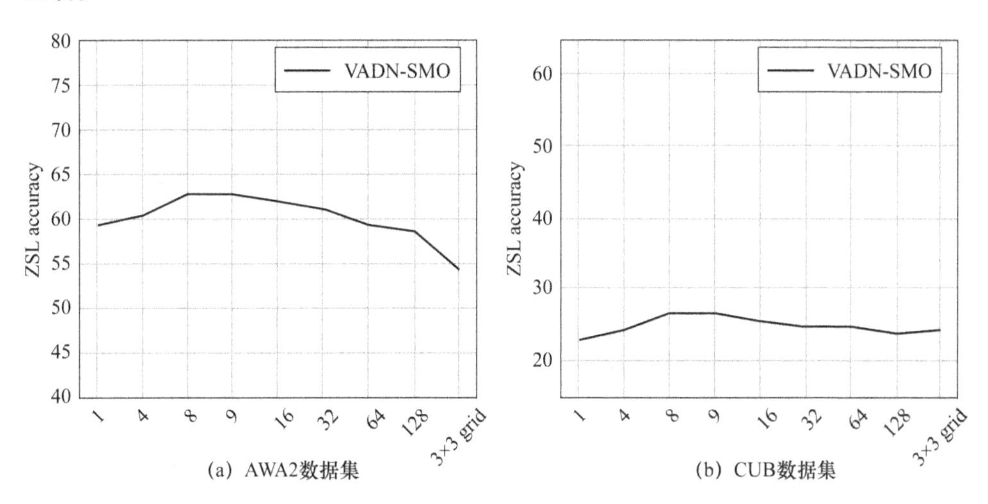

图 6.4 对照实验三：图像切片个数对分类准确率的影响

2. 类别关系发掘模块对照实验

1）加权平均 WAvg 与相似性矩阵优化 SMO 对照实验

表 6.1(第 6 行和第 7 行)比较了类别关系发掘模块提出的两种方法——加权平均 VADN-WAvg 和相似形矩阵优化 VADN-SMO 的效果。结果说明，对于细粒度数据集 CUB 和 SUN，由于类别之间的视觉差异很小，因此使用与目标类别相似的源类别属性的加权平均值来预测其属性(VADN-WAvg)效果很好。VADN-WAvg 在 SUN 和 CUB 数据集上与 VADN-SMO 的效果相当，其性能差距在0.5%之内。然而对于粗粒度数据集 AWA2，考虑所有源类别的类别关系函数(VADN-SMO)能够达到更好的效果。在 AWA2 数据集上，VADN-SMO 的准确率能够达

到 62.4%，优于 VADN-WAvg 的 57.7%。

2）类别语义嵌入对照实验

本节还使用不同的类别语义嵌入来预测类别关系（CR）模块中目标类别的属性，并进行效果对比。表 6.2 中的结果显示，无论使用哪种类别语义嵌入，VADN-SMO 学习的属性性能都优于原语义嵌入。VADN-SMO 将 glove 的零样本分类（ZSL）准确率提高了 7.7%（AWA2 数据集）和 5.9%（CUB 数据集）。此外，本书提出的 VADN-SMO 语义嵌入与基于视觉的信息相结合，不仅可以胜过无监督词语义嵌入，而且在零样本设置下的知识转移方面也优于人类标注的属性。与人类标注属性达到的 62.8% 的准确率相比，本书的方法在 AWA2 数据集上实现了 66.7% 的准确率。

表 6.2　对照实验四：类别语义嵌入对照实验

类别语义嵌入	AWA2		CUB	
	T1	H	T1	H
Word2Vec	53.7±0.2	48.8±0.1	14.4±0.3	18.0±0.2
本章模型：VADN-SMO(Word2Vec)	62.4±0.1	56.8±0.1	26.1±0.2	28.3±0.1
glove	38.8±0.2	38.7±0.3	19.3±0.2	13.4±0.1
本章模型：VADN-SMO(glove)	46.5±0.1	46.0±0.1	25.2±0.3	27.1±0.2
fasttext	47.7±0.1	44.6±0.3	—	—
本章模型：VADN-SMO(fasttext)	51.9±0.2	53.2±0.1	—	—
人类标注属性	62.8±0.1	62.6±0.3	56.4±0.2	49.4±0.1
本章模型：VADN-SMO(人类标注属性)	66.7±0.1	64.9±0.1	56.8±0.1	50.9±0.2

6.3.3　定性分析

本节首先定性分析属性发掘网络学习到的属性簇分布，然后提出用户调查实验，用于验证本章挖掘得到的属性是否具有人类可以理解的语义含义。

1. 属性定性分析

图 6.5 展示了 RSSDIVCS 数据集属性的可视化结果。本书使用 t-SNE[31] 降维可视化方法，将 10 000 个图像切片的属性嵌入 a_{nt} 投影到二维平面上。为了分析不同属性簇的分布，本书采样了几个属性聚类簇并在图中标记了来自该属性簇的图像切片。图中数据说明了以下几点：其一，可以观察到同一属性簇中的图像切片倾向于聚集在一起，这表明属性嵌入提供了可辨别性信息。其二，同一属性簇中的图像切片传达了一致的视觉信息，尽管部分图像切片来自不相交的类别。例如，来自不同场景的建筑物切片被聚集为一组，而车辆切片被聚集到另一个属性簇，说明

模型学习到具有不同视觉信息的属性。进一步观察可以发现，几乎所有属性簇都包含来自多个类别的图像切片。例如，来自不同场景的运动场，虽形状略有不同但语义相同，因此被聚集在同一属性簇中。这一现象表明本书学习的属性簇包含可以在类别之间共享的语义属性，并且可以转移到目标类别。其三，本书提出的模型能够发现被人类标注忽略的视觉属性，可以增强人类标注属性的视觉完备性，如图 6.5 右下角的管线属性、右上角的圆形属性等。

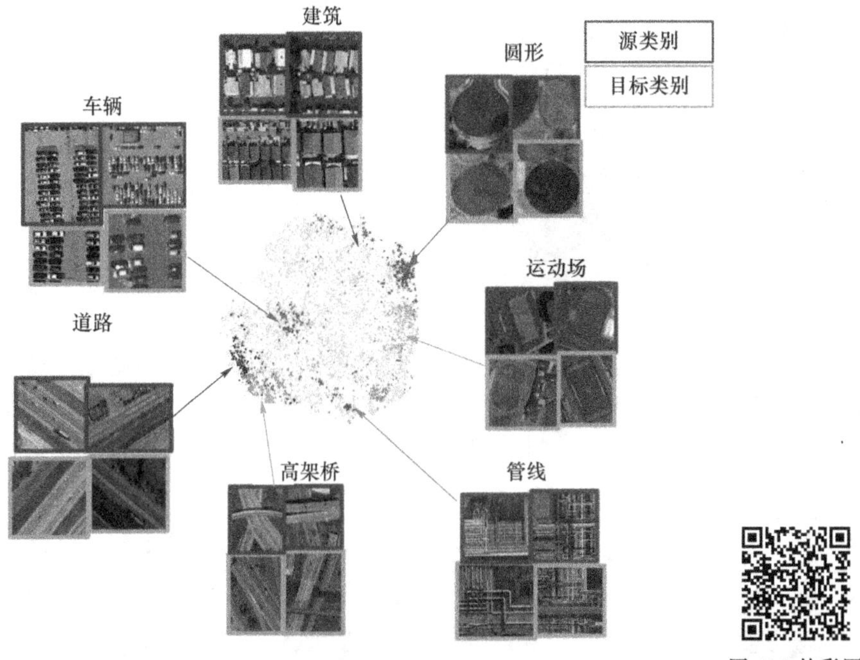

图 6.5 的彩图

图 6.5　属性簇定性分析

2. 用户调查

本节进行用户调查来评估本书挖掘的视觉属性是否传达了一致的视觉和语义信息。用户调查的数据为随机选取的 50 个属性簇，每个属性簇展示来自聚类中心的 30 张图像(如图 6.6 所示)。实验中要求 5 名没有先验知识的研究生观察这些图片并回答以下 3 个问题："问题 1. 属性簇中的图像是否包含一致的视觉信息?""问题 2. 属性簇中的图像是否传达一致的语义信息?""问题 3. 如果您给出的问题 2 的答案为'是'，请写下您从属性簇中观察到的语义信息。"

用户调查统计结果表明，在准确率为 88.5%的情况下，用户认为本书挖掘的属性包含一致的视觉信息；在准确率为 87.0%的情况下，用户认为本书挖掘的属性传达一致的语义信息。而对于利用 k-means 学习得到的属性簇，准确率分别为 71.5%和 71.0%。用户评估结果与表 6.1 中的定量测评结果一致，这表明包含一致的视觉和语义信息的属性可以显著提高深度学习模型的能力。此外，通过观察本文挖掘的 VADN 属性，用户可以很容易地发现语义，甚至是人类标注属性中没有描述的细粒度信息，提高人类标注属性的完备性。最后，本书的方法可以极大地减轻人类标注属性的耗时，为 40 个类别标注 50 个属性值仅需要一个用户耗费不到 1 小时。

步骤一：观察每个属性簇的30张图像

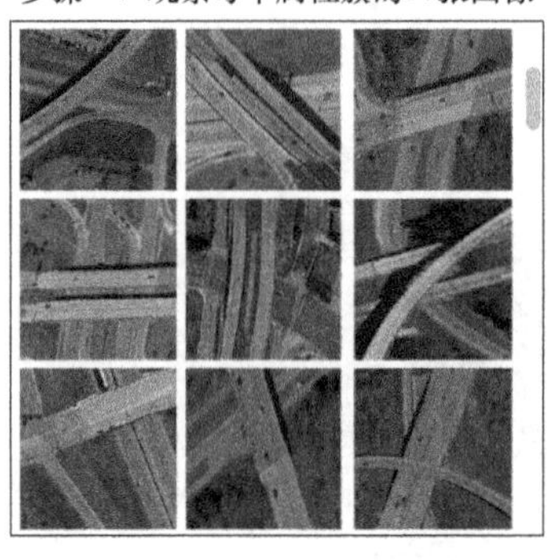

步骤二：回答下述问题

左图展示了来自一个属性簇的30张图像。请观察图像并对下述问题做出您的选择：

(A：不 B：几乎不 C：一般是的 D：几乎都是 E：全部都是)

1. 属性簇中的图像是否包含一致的视觉信息?

2. 属性簇中的图像是否传达一致的语义信息?

3. 如果您给出的问题2的答案为“是”，请写下您从属性簇中观察到的语义信息。

图 6.6　用户调查界面

此外，图 6.7 展示了一些由用户命名的属性簇及其语义。如图 6.7 所示，每个属性簇中的图像显示出人类可以理解的一致的视觉属性，例如，树木、圆形和线条等局部属性，以及码头、水域、山脉等全局属性。

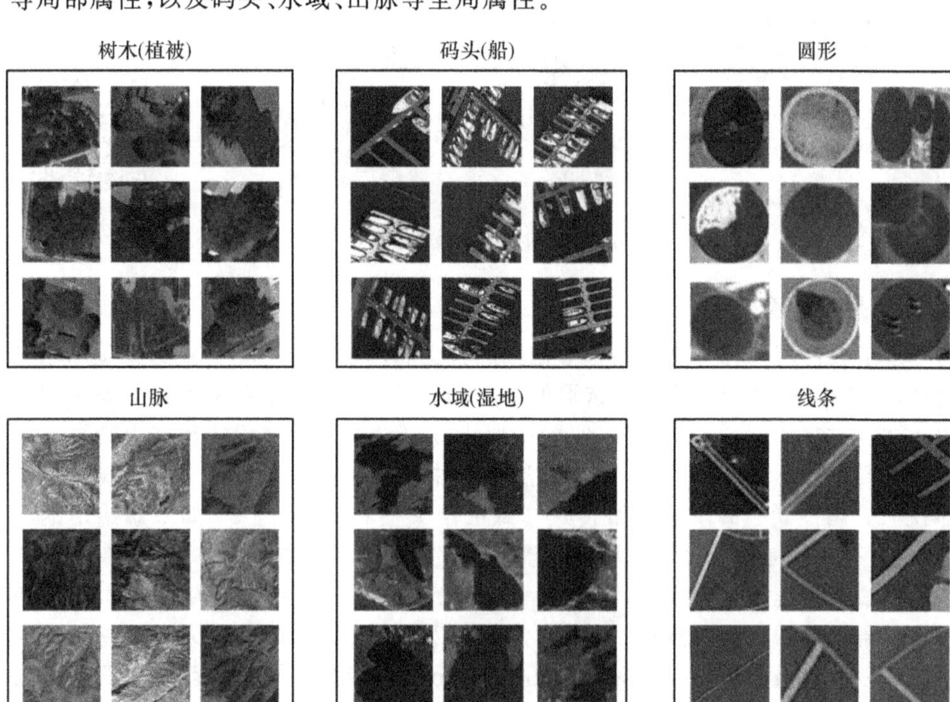

图 6.7　自动发掘属性展示

6.3.4 定量分析

本节将 VADN 模型挖掘得到的属性 VADN-SMO 用于零样本分类实验和细粒度分类实验。首先针对零样本分类任务,本节在 3 个基准数据集上将 VADN-SMO 与无监督词嵌入方法 Word2Vec[8] 进行对比。然后本节在遥感场景分类数据集 RSSDIVCS 上将 VADN-SMO 与其他零样本分类模型进行对比。再后本节将 VADN-SMO 与其他最先进的属性学习方法进行比较。最后本节将 VADN-SMO 用于细粒度分类实验,并与无监督词嵌入方法 Word2Vec[8] 的效果进行对比。

1. 与 Word2Vec 的对比

本节在 5 个国际通用的零样本分类模型上验证了属性的泛化能力。非生成式模型包括 SJE[25], APN[26], GEM-ZSL[27],这些模型学习图像与属性之间的兼容性函数,并以此获得分类依据。生成式模型包括 CADA-VAE[28] 和 f-VAEGAN-D2[29],这类模型学习一个生成模型(如生成对抗网络或变分自编码器),利用类别属性生成目标类别的图像特征。在零样本分类(ZSL)任务中,本章测试了目标类的类平均 Top-1 准确率,而在广义零样本分类(GZSL)任务中,测试了目标类和源类别的类平均 Top-1 准确率。

表 6.3 本章提出的属性学习模型 VADN-SMO 与 Word2Vec 的对比

模型类别	ZSL Model	属性	零样本分类			广义零样本分类								
			AWA2	CUB	SUN	AWA2			CUB			SUN		
			T1	T1	T1	u	s	H	u	s	H	u	s	H
生成式模型	CADA-VAE	Word2Vec	49.0	22.5	37.8	38.6	60.1	47.0	16.3	39.7	23.1	26.0	28.2	27.0
		VADN-SMO(本书模型)	52.7	24.8	40.3	46.9	61.6	53.9	18.3	44.5	25.9	**29.4**	29.6	29.5
	f-VAEGAN-D2	Word2Vec	58.4	32.7	39.6	46.7	59.0	52.2	23.0	44.5	30.3	25.9	33.3	29.1
		VADN-SMO(本书模型)	61.3	**35.0**	**41.1**	45.7	66.7	54.2	**24.1**	45.7	**31.5**	25.5	**35.7**	**29.8**
非生成式模型	SJE	Word2Vec	53.7	14.4	26.3	39.7	65.3	48.8	13.2	28.6	18.0	19.8	18.6	19.2
		VADN-SMO(本书模型)	62.4	26.1	35.8	46.8	72.3	56.8	46.8	72.3	56.8	28.7	25.2	26.8
	GEM-ZSL	Word2Vec	50.2	25.7	—	40.1	80.0	53.4	11.2	**48.8**	18.2	—	—	—
		VADN-SMO(本书模型)	58.0	29.1	—	49.1	78.2	60.3	49.1	78.2	60.3	—	—	—
	APN	Word2Vec	59.6	22.7	23.6	41.8	75.0	53.7	17.6	29.4	22.1	16.3	15.3	15.8
		VADN-SMO(本书模型)	**64.0**	28.9	38.1	**51.2**	**81.8**	**63.0**	21.9	45.5	29.5	24.1	31.8	27.4

表6.3中显示的结果表明，本章提出的VADN-SMO属性在所有数据集和所有零样本学习模型上都显著优于词嵌入Word2Vec。在非生成模型中，VADN-SMO属性在3个数据集上的表现都大幅度优于Word2Vec。特别是在AWA2数据集上，当与GEM-ZSL结合使用时，VADN-SMO将Word2Vec的ZSL性能从准确率50.2%提高到准确率58.0%。在细粒度数据集CUB和SUN上，VADN-SMO实现了更大幅度的准确率提升。例如，结合APN模型，VADN-SMO将CUB的ZSL准确率从22.7%提高到28.9%，SUN的准确率从23.6%提高到38.1%。这些结果表明，本章所提出的属性具有很大的潜力，可以使有挑战性的细粒度分类任务受益。针对广义零样本学习任务，VADN同时提高了源类别和目标类的性能，达到更高的调和平均值。例如，当使用SJE训练时，VADN-SMO相比于Word2Vec大幅度提高了3个数据集的调和平均值，在AWA2上准确率增加了8.0%，在CUB数据集上准确率为10.3%，在SUN上准确率为7.6%。

本书学习的属性在生成式零样本分类模型上也显示出巨大的潜力。特别是VADN与f-VAEGAN-D2相结合，在SUN和CUB数据集上远远超过其他方法。实验结果说明本书挖掘的属性由于含有更多的视觉信息，更容易被深度学习模型识别，将视觉属性引入生成式模型将使它们能够生成更具辨别力的图像特征。

2. 与其他零样本分类模型的对比

本书将提出的VADN-SMO模型在RSSDIVCS数据集上与其他零样本分类模型进行对比。为探究属性原型网络的优越性，本节主要与两组模型对比在RSSDIVCS数据集上的效果，这两组模型分别是基于兼容性函数的方法和基于生成式模型的方法。在计算机视觉领域，DMaP[32]首先提出了双重视觉语义映射路径来解决零样本分类问题。作为岭回归的扩展，语义自动编码器(SAE)[33]被提出来解决自然图像中的零样本分类问题，该模型将遥感图像视觉特征映射到语义属性空间，并寻找与该空间最相近的类别标签。为解决遥感图像零样本分类问题，DAN[34]提出一种新的深度对齐网络，通过精心设计的约束条件，可以鲁棒地匹配潜在空间中的视觉特征和语义表示。LPDCMENs[35]进一步提出基于局部保留深度跨模态嵌入网络，旨在缓解视觉图像空间和语义属性空间之间的类域偏移问题，并且专门设计了一组可解释的约束来提高模型的稳定性和泛化能力。除了上述基于兼容性函数的方法，本节还与生成式模型进行对比。CIZSL[36]采用生成对抗网络(GAN)来分别生成源类别和目标类别的图像特征。CADA-VAE[37]提出结合自编码器(VAE)和生成对抗网络(GAN)作为特征生成器。表6.4量化对比了3种源类别和目标类别的划分方式下的结果。数据说明，本书所提出的模型在3种类别划分方式下均取得最优效果，尤其是在源类别/目标类别为60/10时，相比于其他基于契合度函数的网络和生成式模型VADN-SMO模型的准确率提升了9.5%。

表 6.4 与其他零样本分类方法对比

模型源类/目标类划分	RSSDIVCS 数据集		
	40/30	50/20	60/10
SAE	10.3±1.2	16.1±1.8	24.1±1.3
DMaP	12.3±1.1	16.6±2.0	30.4±2.1
CIZSL	8.2±2.4	12.3±2.2	21.3±4.1
CADA-VAE	29.2±2.6	40.9±2.0	51.9±2.9
LPDCMENs	21.6±0.3	24.9±0.3	43.8±0.7
DAN	31.6±1.3	43.6±1.9	53.1±2.3
Word2Vec+ADN	34.6±0.5	45.2±0.4	72.1±0.8
本章模型:VADN-SMO	**39.8±0.3**	**57.2±0.2**	**81.6±0.2**

3. 与其他弱监督属性学习方法的对比

本节将 VADN 学习的属性与其他使用弱监督方法学习属性的工作进行比较。这些工作主要使用在线语料库或者部分人类标注作为监督信息。CAAP[38] 使用 Word2Vec 和源类别的部分人类标注属性学习目标类别的属性。Auto-Dis[39] 从描述每个类别的在线百科全书文章中收集属性,并在源类别视觉数据和类别标签的辅助下学习属性和类别的关联。GAZSL[40] 和 ZSLNS[41] 从维基百科文章中学习属性。

表 6.5 中的对比结果表明,本章提出的 VADN 属性在仅使用 Word2Vec 作为监督信息的情况下,效果超过了使用在线语料文章的所有其他方法。例如,VADN-SMO 在 AWA2 数据集上实现了 61.3%的准确率,比最接近弱监督属性学习方法 ZSLNS 提高了 3.9%。在 SUN 数据集上,本书提出的方法也比最接近的方法 CAAP 的准确率高出 5.6%。

表 6.5 与其他弱监督属性学习方法的对比

属性学习方法	监督信息	零样本分类		
		AWA2	CUB	SUN
ZSLNS	在线语料	57.4	27.8	—
GAZSL	在线语料	—	34.4	—
Auto-dis	在线语料	52.0	—	—
CAAP	人类标注	55.3	31.9	35.5
本章模型:VADN-SMO	Word2Vec	**61.3**±0.3	**35.0**±0.2	**41.1**±0.3

4. 属性挖掘用于遥感图像细粒度分类

本章还将挖掘的属性用于遥感场景分类数据集 RSSDIVCS 的细粒度分类实

验,类别总数为 60 类,实验所用的模型为 SJE[25]。VADN 属性能够从中层语义角度描述类别的可辨别性信息,为细粒度分类提供更多细节。SJE 模型使用 Word2Vec 时能够在细粒度分类中取得 71.1%的准确率,而使用 VADN 属性能够将准确率提升至 90.9%,提升近 20 个百分点。

6.4 本章小结

针对人类标注和语料挖掘的属性标注方法耗费人力物力、在视觉空间不完备等问题,本书提出了针对遥感图像和自然图像的视觉属性发掘网络,增加了属性的视觉完备性和可辨识性,同时减少了属性标注过程中所需要的人力物力。本章贡献如下。

(1) 提出了视觉属性发掘网络。能够完备地挖掘视觉空间里的可辨识性属性,形成对人类标注的属性和语料挖掘属性的补充。

(2) 提出了视觉属性聚类模块。从图像底层特征中归纳不同类别实例所共享的视觉属性特征,并且能够实现自动化图像属性标注。

(3) 提出了类别关系模块,在少量外部知识源(如类别词嵌入)的辅助下学习类别关系,将属性知识从源类别转移到目标类别。

对照实验表明,本章提出的各模块在视觉属性发掘过程中起到了重要促进作用。定性分析和用户调查表明本章挖掘的属性具有人类可以理解的语义,能够将原来需要多人耗费数天的属性标注工作缩减为仅需 1 人标注 1 个小时。在 4 个数据集上的定量实验表明,本章标注的属性在视觉空间具有很高的完备性和可辨别性,在 4 个基准数据集的少样本分类和细粒度分类任务上取得显著效果提升,分类准确率提升超过 10%。

本章参考文献

[1] 刘明霞. 属性学习若干重要问题的研究及应用[D]. 南京:南京航空航天大学, 2015.

[2] YANG Xun, HE Xiangnan, WANG Xiang, et al. Interpretable fashion matching with rich attributes[C]//ACM SIGIR. Paris: ACM, 2019b: 775-784.

[3] XIAN Yongqin, CHOUDHURY S, HE Yang, et al. Semantic projection network for zero-and few-label semantic segmentation[C]//The IEEE/CVF

Computer Vision and Pattern Recognition Conference. Long Beach, CA: IEEE,2019a: 8256-8265.

[4] TAN Chufeng, XU Xing, SHEN Fumin. A survey of zero shot detection: Methods and applications[J]. Cognitive Robotics, 2021, 1: 159-167.

[5] LEE C H, LIU Ziwei, WU Lingyun, et al. Maskgan: Towards diverse and interactive facial image manipulation[C]//The IEEE/CVF Computer Vision and Pattern Recognition Conference. ELECTR NETWORK: IEEE, 2020: 5548-5557.

[6] CHEN Yu, TAI Ying, LIU Xiaoming, et al. Fsrnet: End-to-end learning face super-resolution with facial priors [C]//The IEEE/CVF Computer Vision and Pattern Recognition Conference. Salt Lake City: IEEE, 2018: 2492-2501.

[7] XU Wenjia, WANG Jiuniu, WANG Yang, et al. Where is the model looking at? -concentrate and explain the network attention [J]. IEEE Journal of Selected Topics in Signal Processing, 2020, 14(3): 506-516.

[8] MIKOLOV T, SUTSKEVER I, Chen K, et al. Distributed representations of words and phrases and their compositionality[C]//Conference on Neural Information Processing Systems. Lake Tahoe: MIT Press, 2013: 3111-3119.

[9] PENNINGTON J, SOCHER R, MANNING C D. Glove: Global vectors for word representation[C]//EMNLP. Doha: ACL, 2014: 1532-1543.

[10] WANG Xiaolong, YE Yufei, GUPTA A. Zero-shot recognition via semantic embeddings and knowledge graphs [C]//The IEEE/CVF Computer Vision and Pattern Recognition Conference. Salt Lake City: IEEE, 2018a: 6857-6866.

[11] KAMPFFMEYER M, CHEN Yinbo, LIANG Xiaodan, et al. Rethinking knowledge graph propagation for zero-shot learning[C]//The IEEE/CVF Computer Vision and Pattern Recognition Conference. Long Beach: IEEE2019: 11479-11488.

[12] WAH C, BRANSON S, WELINDER P, et al. The Caltech-UCSD Birds-200-2011 Dataset: CNS-TR-2011-001[R]. California Institute of Technology, 2011.

[13] DOSOVITSKIY A, BEYER L, KOLESNIKOV A, et al. An image is worth 16x16 words: Transformers for image recognition at scale[C]//ICLR. Vienna: OpenReview. net, 2021.

[14] NEUBERT P, PROTZEL P. Compact watershed and preemptive slic: On

improving trade-offs of superpixel segmentation algorithms[C]//ICPR. Stockholm: IEEE, 2014:996-1001.

[15] MIKOLOV T, SUTSKEVER I, Chen K, et al. Distributed representations of words and phrases and their compositionality [C]//Conference on Neural Information Processing Systems. Lake Tahoe: MIT Press,2013: 3111-3119.

[16] PENNINGTON J, SOCHER R, MANNING C D. Glove: Global vectors for word representation[C]//EMNLP. Doha:ACL,2014: 1532-1543.

[17] AL-HALAH Z, TAPASWI M, STIEFELHAGEN R. Recovering the missing link: Predicting class-attribute associations for unsupervised zero-shot learning [C]//The IEEE/CVF Computer Vision and Pattern Recognition Conference. Seattle:IEEE, 2016:5975-5984.

[18] LI Yansheng, ZHU Zhihui, YU Jingang, et al. Learning deep cross-modal embedding networks for zero-shot remote sensing image scene classification[J]. IEEE Transactions on Geoscience and Remote Sensing, 2021, 59(12): 10590-10603.

[19] WAH C, BRANSON S, WELINDER P, et al. The Caltech-UCSD Birds-200-2011 Dataset: CNS-TR-2011-001[R]. California Institute of Technology, 2011.

[20] XIAN Yongqin, LAMPERT C H, SCHIELE B, et al. Zero-shot learning-a comprehensive evaluation of the good, the bad and the ugly [J]. TPAMI, 2019,41(9): 2251-2265.

[21] PATTERSON G, XU Chen, SU Hang, et al. The sun attribute database: Beyond categories for deeper scene understanding[J]. IJCV, 2014, 108(1-2): 59-81.

[22] DENG Jia, DONG Wei, SOCHER R, et al. Imagenet: A large-scale hierarchical image database[C]//The IEEE/CVF Computer Vision and Pattern Recognition Conference. Miami:IEEE, 2009: 248-255.

[23] HE Kaiming, ZHANG Xiangyu, REN Shaoqing, et al. Deep residual learning for image recognition[C]//The IEEE/CVF Computer Vision and Pattern Recognition Conference. Las Vegas:IEEE,2016:770-778.

[24] KINGMA D P, BA J. Adam: A method for stochastic optimization[C]//ICLR. San Diego:OpenReview. net, 2015.

[25] AKATA Z, REED S, WALTER D, et al. Evaluation of output embeddings for fine-grained image classification[C]//The IEEE /CVF Computer Vision and Pattern Recognition Conference. Boston: IEEE, 2015b: 2927-2936.

[26] XU Wenjia, XIAN Yongqin, WANG Jiuniu, et al. Attribute prototype network for zero-shot learning[C]//Conference on Neural Information Processing Systems. virtual:MIT Press,2020b: 21969-21980.

[27] LIU Yang, ZHOU Lei, BAI Xiao, et al. Goal-oriented gaze estimation for zero-shot learning[C]//The IEEE/CVF Computer Vision and Pattern Recognition Conference. ELECTR NETWORK:IEEE, 2021: 3794-3803.

[28] SCHONFELD E, EBRAHIMI S, SINHA S, et al. Generalized zero-and few-shot learning via aligned variational autoencoders[C]//The IEEE/CVF Computer Vision and Pattern Recognition Conference. Long Beach, CA:IEEE,2019:8239-8247.

[29] XIAN Yongqin, SHARMA S, SCHIELE B, et al. f-vaegan-d2: A feature generating framework for any-shot learning [C]//The IEEE/CVF Computer Vision and Pattern Recognition Conference. Long Beach:IEEE, 2019c:10267-10276.

[30] LIKAS A, VLASSIS N, VERBEEK J J. The global k-means clustering algorithm[J]. Pattern recognition, 2003, 36(2): 451-461.

[31] VAN DER MAATEN L, HINTON G. Visualizing data using t-SNE[J]. Journal of Machine Learning Research, 2008,9(11):2579-2605.

[32] LI Yanan, WANG Donghui, HU Huanhang, et al. Zero-shot recognition using dual visual-semantic mapping paths[C]//The IEEE/CVF Computer Vision and Pattern Recognition Conference. Honolulu: IEEE, 2017: 5207-5215.

[33] KODIROV E, XIANG Tao, GONG Shaogang. Semantic autoencoder for zero-shot learning[C]//The IEEE/CVF Computer Vision and Pattern Recognition Conference. Honolulu:IEEE,2017: 3174-3183.

[34] LI Yansheng, KONG Deyu, ZHANG Yongjun, et al. Robust deep alignment network with remote sensing knowledge graph for zero-shot and generalized zero-shot remote sensing image scene classification[J]. ISPRS Journal of Photogrammetry and Remote Sensing, 2021, 179: 145-158.

[35] LI Yansheng, ZHU Zhihui, YU Jingang, et al. Learning deep cross-modal embedding networks for zero-shot remote sensing image scene classification[J]. IEEE Transactions on Geoscience and Remote Sensing, 2021, 59(12): 10590-10603.

[36] ELHOSEINY M, ELFEKI M. Creativity inspired zero-shot learning[C]// Proceedings of the IEEE/CVF International Conference on Computer

Vision. Seoul:IEEE,2019: 5784-5793.

[37] SCHONFELD E, EBRAHIMI S, SINHA S, et al. Generalized zero-and few-shot learning via aligned variational autoencoders[C]//The IEEE/CVF Computer Vision and Pattern Recognition Conference. Long Beach, CA:IEEE, 2019: 8239-8247.

[38] AL-HALAH Z, TAPASWI M, STIEFELHAGEN R. Recovering the missing link: Predicting class-attribute associations for unsupervised zero-shot learning [C]//The IEEE/CVF Computer Vision and Pattern Recognition Conference. Seattle:IEEE, 2016:5975-5984.

[39] AL-HALAH Z, STIEFELHAGEN R. Automatic discovery, association estimation and learning of semantic attributes for a thousand categories [C]//The IEEE/CVF Computer Vision and Pattern Recognition Conference. Honolulu:IEEE, 2017a: 5112-5121.

[40] ZHU Yizhe, ELHOSEINY M, LIU Bingchen, et al. A generative adversarial approach for zero-shot learning from noisy texts[C]//The IEEE/CVF Computer Vision and Pattern Recognition Conference. Salt Lake City:IEEE, 2018b:1004-1013.

[41] QIAO Ruizhi, LIU Lingqiao, SHEN Chunhua, et al. Less is more:zero-shot learning from online textual documents with noise suppression[C]//The IEEE/CVF Computer Vision and Pattern Recognition Conference. Seattle:IEEE,2016:2249-2257.

第7章 基于视觉属性自动化标注的零样本遥感图像场景分类

7.1 引　言

随着传感器与遥感(RS)技术的快速发展[1],遥感图像场景分类[2,3]在城市建设[4]、环境监测[5]等方面发挥着至关重要的作用,越来越受到人们的关注。虽然深度神经网络(DNNs)在图像场景分类[6,7]方面取得了令人印象深刻的成功,但学习用于区分各种类别的超平面仍需要大量的训练样本[6,8]。然而,要在所有情况下收集足够的遥感场景图像是难以实现的[9-11]。例如,地球观测系统每天可以收集大量数据(高达100TB),而一次注释所有类别标签非常耗时。此外,随着遥感目标库的动态增长,迫切需要识别在训练阶段从未出现过的新的遥感场景。

零样本学习(zero-shot learning, ZSL)的目标是在没有训练样本的情况下[12]识别不可见类,这为上述问题提供了一个有前景的解决方案。零样本学习在图像分类[13]、目标检测[14]等领域被广泛探索。通过利用每个可见类别的语义知识和视觉信息,ZSL模型可以将学习到的知识同时推广到所有未见类别。如图7.1所示,通过学习能够展示每个可见类(例如,什么是"水""路"和"绿")语义知识是视觉属性,模型将能够识别由这些语义知识组成的未见类别"公园"。ZSL的两个关键因素是类嵌入和ZSL模型[15]。为每个类聚合的类嵌入存在于一个语义向量空间中,该空间可用于关联不同的类,即使这些类的可视化示例不可用。同时,ZSL模型学习如何将知识从可见类转移到不可见类。

先前在改进类嵌入方面的尝试有两个方面:手动标记属性和预训练语言模型的语义嵌入。属性是对象的特征属性[16-18],这是不同类别之间可解释的、可区分的特质。因此，描述每个类特征的属性嵌入成为 ZSL 中应用最广泛、功能最强大的类嵌入[12,19,20]。获取手动标记的属性通常是一个两步的过程[16]，这是耗时且费力的。首先，领域专家需要仔细设计一个包含各种属性（如颜色、形状等）的属性词汇表。其次，人类注释者将检查每个类别，并注释图像或类中各种属性存在或不存在，这称为标记过程。虽然有一些从遥感场景中收集属性的尝试，如飞机识别[21]和场景分类[22]，但这些属性要么在视觉空间中是不完整的（每类属性少于 60 个），要么需要大量的人力。一些先驱通过使用从预训练语言模型中提取的语义类嵌入替换属性来解决这个问题，例如 Word2Vec[23]，Glove[24] 和 BERT[25] 或者从为遥感场景[22]构建的知识图中。然而，这些嵌入的每个维度都不包含具体的语义属性，并且无法进行视觉检测，从而导致 ZSL 性能较差。因此，为了促进遥感时代 ZSL 的发展，迫切需要收集丰富的描述遥感类目视觉属性的属性，并构建一个能够收集视觉可检测属性的无须手动标记的属性标注系统。

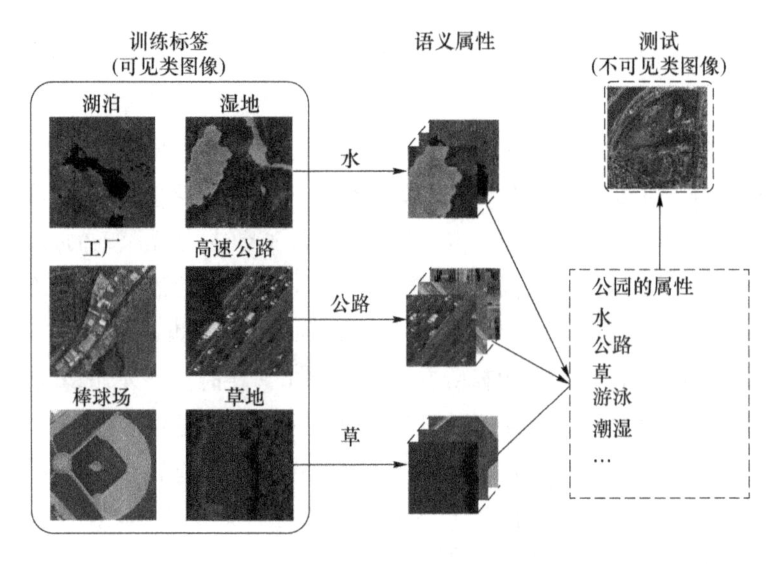

图 7.1　不同类的视觉效果

由于遥感图像通常是从卫星或飞机上采集的，而普通光学图像是从地面采集的，因此两者之间的图像分布有以下两个方面的不同。也是由于遥感场景的以下特点，普通 ZSL 模型向遥感场景分类任务的推广受到限制。首先，与普通的光学图像通常关注对局部对象[8,21]的影响不同，全局上下文和局部对象之间的交互信息都很重要。如图 7.1 所示，公路、水和草都在识别该场景为“公园”而不是“工业”或“草地”方面发挥了作用。其次，遥感图像具有较高的类间方差和类内相似性[26]，因此要求 ZSL 模型关注类内判别特征和类间共享特征[2]。然而，大多数遥感 ZSL 模型[27-29] 利用卷积神经网络(CNN)[30] 在大规模普通图像数据集(如 ImageNet[8])上进行预训练,忽略普通图像和遥感图像之间的域间隙。此外,CNN 网络天生具有较小的感受野,其主要关注局部目标特征,无法完全关联大规模遥感场景的全局和局部信息。

为了解决上述关键问题,本章提出了两种网络分别用来提高遥感属性嵌入质量以及集成语义和视觉信息的 ZSL 模型,以提高 ZSL 的性能。

首先,本章提出了一个自动属性标注过程,并在此过程中使用 CLIP 模型[31] 来预测遥感场景的遥感多模态属性(表示为 RSMM-Attributes)。此过程先为遥感场景类构建一个包含丰富语义和视觉信息的属性词汇表。然后通过计算属性与示例图像之间的语义视觉相似性来完成属性标记过程以确保每个类的属性嵌入在视觉上是可检测的。此外,CLIP 模型还使用包含图像和相应文本描述的大规模遥感数据集进行预训练,从而能够将语义文本和视觉遥感图像关联在一个公共空间中。这样,劳动密集型的标注过程被自动模式所取代,大大减少了时间消耗。

其次,为了解决遥感 ZSL 任务的问题,本章提出了一种深度语义-视觉对齐(DSVA)模型,该模型使用 RSMM-Attributes 在可见类和不可见类之间传递信息,并在考虑图像的局部细节和全局上下文的情况下执行 ZSL。本模型采用 Vision Transformer[32],它利用局部图像区域之间的远程交互来提取图像特征。Transformer 中的自注意机制[33] 有助于将全局上下文和局部信息关联在一起,从而有助于整合 ZSL 的全局信息。这对遥感场景识别至关重要,因为不同图像区域的全局交互有助于场景预测。为了将语义属性与视觉特征联系起来,本模型学习了为每个属性编码视觉属性的属性原型。同时,通过计算原型与视觉图像特征之间的相似度生成属性注意图,并通过计算图像-属性相似度将图像精确映射到属性空间。此外,本章进一步提出了一个注意力汇聚模块来关注信息属性区域。由于属性代表类内的区别特征和类间的共享特征,该模块将有助于网络利用区别图像区域,有利于 ZSL 中的知识传递。

总之,这项工作的贡献有 3 个方面。

① 提出了一种自动预测遥感场景视觉属性的方法,减少了手工标记属性的工作量。本章中的 RSMM-Attributes 可以在视觉上检测到,并且可以促进可见类和不可见类之间的知识转移。

② 详细阐述了普通图像与遥感图像的区别,并提出了一种使用 RSMM-Attributes 的深度语义视觉对齐(DSVA)模型来解决遥感图像零样本学习问题。本章的模型采用了一种具有自注意机制的 Vision Transformer 来扩大感受野,同时学习遥感场景的局部细节和全局上下文。在此基础上,本章还提出了一个关注

信息属性区域的注意力汇聚模块。

③ 大量的定量实验表明，本章的模型在大规模遥感场景基准上实现了最先进的性能，比之前的其他工作性能（准确率）高出 30%。定性分析表明学习到的 RSMM-Attributes 既具有类别判别性，又能反映视觉和语义相关性。

7.2 相关工作

本节回顾了与 ZSL 模型中两个关键因素相关的文献，即零样本学习和类嵌入。

7.2.1 遥感场景分类中的零样本学习

ZSL 的目标是用大量可见类的训练样本训练一个模型，然后识别在训练过程中没有观察到的不可见类。这是通过使用类嵌入来实现的，也称为辅助信息[12]，类嵌入可用来描述可见类和不可见类之间的语义属性。ZSL 最早的尝试之一可以追溯到 Lampert 等人[34]，他们对不可见类执行直接属性预测。之后，在这个方向上的方法可以分为两类。第一类方法来源于属性潜在嵌入（ALE）[20]，其中模型将图像表示映射到类嵌入空间，并学习它们之间的兼容性函数。旨在学习更好的嵌入空间[35]的著名工作有改进兼容函数[36]，增强图像编码器[19]。第二类方法认为，零样本问题可以通过为不可见类别生成假样本[37]来补充。这是通过用生成模型合成未见类的图像表示来实现的，例如生成对抗网络（GAN）[38]和变分自动编码器（VAE）[39]，以类嵌入[40,41]为条件。

最早在遥感领域使用自适应方法的先驱可以追溯到 Li 等人[27]，他们利用无监督域自适应模型来预测不可见类标签，并提出了一种标签传播算法来利用同一场景类的图像之间的视觉相似性。Sumbul 等人[42]进一步利用双线性函数来建模视觉图像和类嵌入之间的兼容性。LPDCMENs 等人[29]不从固定的 CNN 网络中提取图像特征，而是采用端到端训练网络的方法，并通过强调一类中的成对相似性来保留遥感场景图像中的局地性。为了保持视觉和语义空间之间的跨模态对齐，Li 等人提出了一种新的生成模型（DAN）来合成图像特征并匹配潜在空间中的语义特征，Wang 等人提出了一种受样本之间欧氏距离约束的自编码器模型（DSAE）。

尽管 ZSL 模型在计算机视觉领域发展迅速，但遥感图像的独特特性限制了上述模型在遥感 ZSL 任务中的推广。首先，由于遥感图像通常具有高类间方差和高类内相似性,ZSL 模型设计用于普通光学图像不能区分相似的类别。其次,上述方法虽然逐步提高了 ZSL 的性能,但都是利用 CNN 作为主干提取图像特征,忽略了遥感图像与普通光学图像的内在区别,即全局信息。与普通图像中通常包含需要重点关注的重要区域和可以丢弃的背景信息不同,遥感图像的显著位置和背景之间没有明显的区别,而在执行场景分类任务时,每个像素都很重要。为此,本章采用了一种具有自注意机制的 Vison Transformer 来扩大接受野,同时学习遥感场景的局部细节和全局背景。此外,本章中的 DSVA 网络在与属性相关的信息图像区域编码生成了一个注意力汇聚模块,这有助于区分不同的类别。

7.2.2 零样本学习中的类嵌入

类嵌入对于在语义空间中关联具有共同特征的不同类别至关重要,并且可以在 ZSL 中将知识从可见类转移到不可见类。常用的类嵌入有 3 种类型。描述对象的视觉和语义特性的人类注释属性[16,18]是零样本学习中最流行的类嵌入。尽管属性在区分和关联不同类方面表现出强大的能力,但由于注释过程耗时且费力,它们受到了限制[13]。手动属性的另一种替代方法是使用预先训练好的语言模型提取类嵌入,如 BERT[25] 和 Word2Vec[23]。其他工作利用知识图[43]和在线百科全书[44]来提取类嵌入,为每个类别编码生成更多的知识。

尽管它们很重要,但类嵌入在零样本学习遥感场景分类中的研究相对较少。以前的工作主要使用从预训练的语言模型中提取的类嵌入,或者由专家手动标记的属性。Li 等人[27]直接利用预训练的 Word2Vec 模型将遥感场景类别的名称映射到语义空间,Li 等人[45]进一步研究了更多的语言模型,如 fasttext[46] 和 BERT[25]。虽然词向量可以作为类嵌入,但它们在捕获类别的视觉属性方面通常不全面,下面的工作在领域专家的帮助下改善了这种情况。Sumbul 等人[42]收集了 25 个属性,确定了每个类别的视觉鲜明特征,如它们的纹理和形状。Li 等人[29]让多名遥感领域的专家从每个类别中找出 10 张图像进行观察,并用一句话进行总结,然后从预训练的 BERT 模型中提取类嵌入。Li 等人[22]收集了 700 个考虑颜色、形状和物体的遥感场景的 59 个属性。在 10 位领域专家的帮助下,他们进一步构建了一个遥感场景知识图谱。然而,属性图和知识图并不能完全描述每个类别丰富的视觉属性,而且耗时的标注过程限制了在实际应用中对新类别的推广。为此,本章建议用遥感多模态网络代替人工标记过程来减轻人工负担。本章的网络通过测量图像和属性之间的相似度来描述一些图像,并自动标注每个类别的属性值,从而确保标注的属性可以在视觉上被检测到,并描述所有类别的视觉属性。

color	red white yellow green blue brown tan black orange purple
object presence	plane boat car wide-road narrow-road curved-road ring-road cross-road bungalow high-rise rotunda square-building pavement railroad mountain fencing marble flowers tree grass ocean smoke shrubbery wire brick dirt-soil
materials	cement wood cloth fire paper ice still-water metal stone rock cloud running-water rubber-plastic railing glass asphalt water soil snow sand leaves
texture	symmetrical messy moist dry dirty rusty horizontal vertical soft sharp dense sparse flat monotone vivid warm cold vegetation
shape	round rectangle square triangle oval parallel-lines rhombus
functions	industrial agriculture forestry residential commercial eating cleaning shopping working transporting swimming farming buildings climbing hiking

图 7.2　属性词汇表

7.3　基于深度语义-视觉对齐的零样本遥感图像场景分类方法

本章将关注既考虑遥感场景中丰富的视觉信息，同时又能减少属性标注的人工劳动的自动属性标注过程。本章首先构建了一个涵盖所有遥感场景的语义和视觉属性的属性词汇表；然后提出了利用 CLIP 模型[31]将语义视觉空间连接在一起，以注释每个遥感场景类别的遥感多模态属性(RSMM-Attribute)。

给定遥感场景类别 y 和一个属性 $a \in A$，目的是将该类别的属性值注释为 $r_a(y) \in R$，表示属性 a 出现在类 y 的可能性，并使用 CLIP 模型来测量属性 a 和种类 y 的关联强度 $r_a(y)$。之后，每个类别得到一个包含所有属性值的类嵌入 $r_A(y) \in R^{N_a}$，其中 N_a 是属性词汇表的大小。本节将首先介绍属性词汇表构造和自动属性注释的过程，然后介绍如何训练和微调 CLIP 模型。

7.3.1　自动属性标注

1. CLIP 模型介绍

如图 7.3(右)所示，本节采用的 CLIP 模型由语义编码器 $E_t(\cdot)$ 和视觉编码器 $E_v(\cdot)$ 组成，二者分别将属性名和探测图像映射到共享语义-视觉空间。语义编码器是一个 masked self-attention Transformer[47]，视觉编码器是一个 Vison Transformer[32]：ViT-B/32，12 层，输入图像大小为 32×32。

图 7.3 的彩图

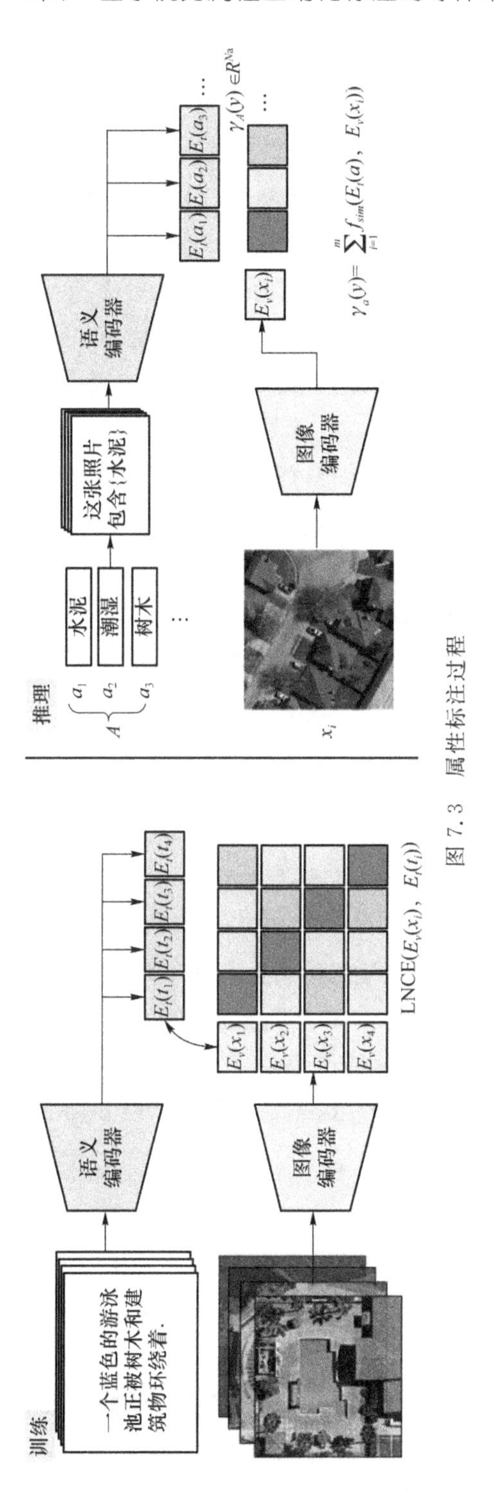

训练
一个蓝色的游泳池正被树木和建筑物环绕着.
语义编码器
图像编码器
$E_t(t_1)$ $E_t(t_2)$ $E_t(t_3)$ $E_t(t_4)$
$E_v(x_1)$ $E_v(x_2)$ $E_v(x_3)$ $E_v(x_4)$
$\mathrm{LNCE}(E_v(x_i),\ E_t(t_i))$
推理
a_1 水泥
a_2 潮湿
a_3 树木
A
这张照片包含{水泥}
语义编码器
$E_t(a_1)$ $E_t(a_2)$ $E_t(a_3)$
$\gamma_A(y) \in R^{Na}$
x_i
图像编码器
$E_v(x_i)$
$\gamma_a(y) = \sum_{i=1}^{m} f_{sim}(E_t(a),\ E_v(x_i))$

图 7.3 属性标注过程

2. CLIP 模型自动属性标注

1）属性词汇构造

为了发现具有丰富语义和视觉信息的属性，本节考虑以下六类属性，如图 7.2 所示。①“颜色”组包括场景中出现的颜色（如绿色、棕色）。②“对象存在”组列出了可能出现的对象（如树、土壤）。③“材料”组描述构建场景的材料（如水泥、金属）。④“纹理”组描述了每一类的纹理和图案（如对称、平坦）。⑤“形状”组表示每个场景中出现的主要形状（如圆形、矩形）。⑥“功能”组表示每一类（如工业、农业）的社会经济功能。然后遍历与遥感场景相关的所有属性和对象来填充每一组，最后得到一个属性词汇表 A，包含 N_a 个属性。注意，构建属性词汇表相对容易，只需要一个注释器工作 3 个小时。此外，词汇并不局限于已知的场景类别，由于类别之间可以共享属性，因此可以推广到新的遥感场景类别并描述它们的特性。

2）自动属性注释的过程

真实值 $r_a(y)$ 是通过相似度测量 f_{sim} 来计算的：

$$r_a(y) = \sum_{i=1}^{m} f_{\text{sim}}(E_t(a), E_v(x_i)) \tag{7.1}$$

其中，属性值 $r_a(y)$ 表示属性 a 在种类 y 中出现的概率，根据 CLIP，本节将单个属性名称（如“narrow-road”）转换为包含属性的句子（例如，“这张照片包含 narrow-road”）作为输入 $E_t(\cdot)$。相似性度量是点积：

$$f_{\text{sim}}(\alpha, \beta) = \langle \alpha, \beta \rangle \tag{7.2}$$

这样，本模型可以很容易地代替人类将每个属性与对应的类别进行关联，并预测每个类别的类语义属性 $r_A(y) \in R^{N_a}$。真实值的属性值在显著减少人工劳动的同时，比人工标注的二进制属性值更能区分和比较不同的类。本节以下文本将 CLIP 模型标注的属性表示为 Remote Sensing Multi-Modal Attribute（RSMM-Attribute）。

3. 训练和微调 CLIP 模型

预训练的 CLIP 模型[31]使用遥感数据集[48]和相应的文本描述进行微调。在这里，首先介绍 CLIP 模型[31]的训练过程作为本部分方法的背景。

CLIP 网络应该能够在一个共同的嵌入空间中关联视觉和语义信息，为此，训练过程涉及使用包含图像和相应文本描述的大规模数据集预训练一个语义视觉网络。训练过程与图 7.3(左)中的微调过程相同，其中一批图片 $B\{x_1, x_2, \cdots, x_B\}$ 传递给视觉编码器 $E_v(\cdot)$ 提取图像表示 $\{E_v(x_1), E_v(x_2), \cdots, E_v(x_B)\}$ 和文本描述

$\{t_1, t_2, \cdots, t_B\}$由语义编码器 $E_t(\cdot)$处理和输出文本表示$\{E_t(t_1), E_t(t_2), \cdots, E_t(t_B)\}$。然后采用对比学习范式，其中正向图像-文本对之间的余弦相似度（如 x_i 和 t_i，其中 $i \in \{1, 2, \cdots, B\}$）被优化为 1，而负的图像-文本对（如 x_i 和 t_j，其中 $i \neq j$）被优化到接近 0。也就是说，最小化两个 InfoNCE 的损失之和 L_{NCE}[49] 以学习图像和文本的联合表示，如下所示：

$$L_{\mathrm{con}} = -\sum_{i=1}^{B} (\lg L_{\mathrm{NCE}}(E_v(x_i), E_t(t_j)) \lg L_{\mathrm{NCE}}(E_t(t_i), E_v(t_j))) \tag{7.3}$$

其中，$L_{\mathrm{NCE}}(E_v(x_i), E_t(t_j))$表示视觉对于文本的相似性：

$$L_{\mathrm{NCE}}(E_v(x_i), E_t(t_j)) = \frac{\exp(E_v(x_i) \cdot E_t(t_i)/\tau)}{\sum_{j=1}^{B} \exp(E_v(x_i) \cdot E_t(t_j))} \tag{7.4}$$

$L_{\mathrm{NCE}}(E_t(t_i), E_v(x_j))$表示视觉对于文本的相似性：

$$L_{\mathrm{NCE}}(E_t(t_i), E_v(x_j)) = \frac{\exp(E_v(x_i) \cdot E_t(t_i)/\tau)}{\sum_{j=1}^{B} \exp(E_t(t_i) \cdot E_v(x_j))} \tag{7.5}$$

其中，τ 是温度超参数，在预训练后，CLIP 网络中的视觉编码器能够将文本和图像映射到一个公共空间中。

由于 CLIP 的预训练数据集主要包含从互联网收集的普通光学图像，缺乏遥感场景的领域知识。这样，预训练的模型就会出现域偏移。为此，本部分利用 RSICD 数据集[48]的遥感场景图像和相应描述对 CLIP 模型进行了微调。微调过程如图 7.3（左）所示，其中一批图像和相应的文本描述分别用视觉编码器 $E_v(\cdot)$和语义编码器 $E_t(\cdot)$编码到一个公共空间中。然后，本模型优化了两个 InfoNCE[49] 损失 L_{NCE}训练编码器。之后，CLIP 模型可用于将目标图像和所有属性映射到一个公共的视觉-语义空间，其中属性值反映了属性与图像之间的关联强度，如式(7.1)。

7.3.2 基于深度语义-视觉对齐模型

本节首先介绍零样本学习（ZSL）和广义零样本学习（GZSL）任务的形式化；然后介绍深度语义-视觉对齐（DSVA）模型的体系结构；最后引入用于监督模型训练的损失函数，并描述了（广义）零样本推理的过程。

1. 模型结构

1）模型整体结构

如图 7.4 所示，DSVA 模型首先利用带有自注意力层的 Transformer 提取图像特征，然后使用 Visual-Attribute Mapping（VAM）模块将特征映射到属性空间，最后根据属性相似度预测每个图像的类标签。此外，本节提出了一个注意力汇聚（AC）模块，利用属性相关注意力汇聚在信息图像区域。下文将以数学的方式表述模型体系结构。

图 7.4 的彩图

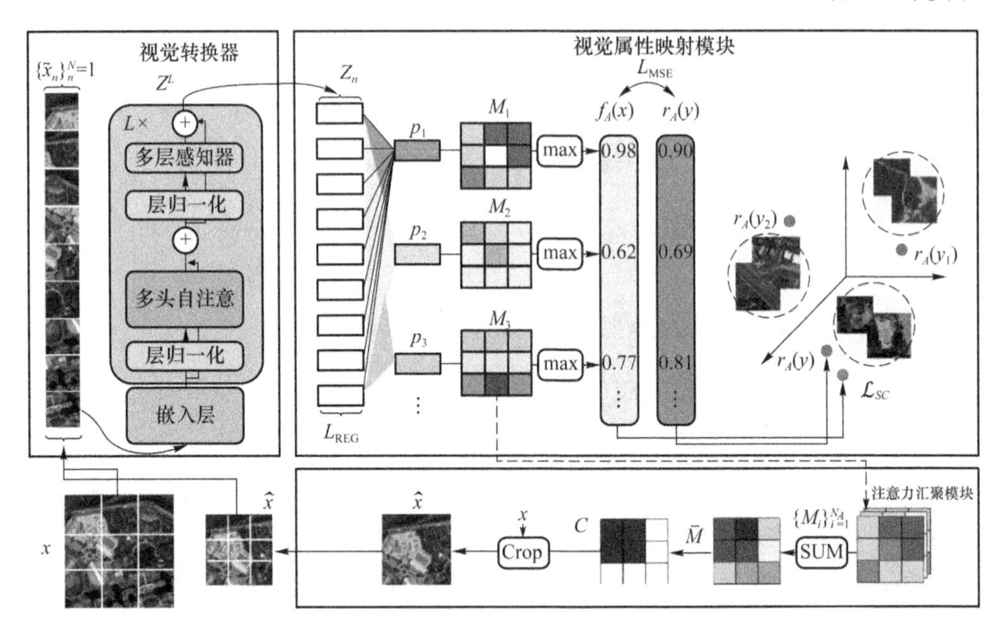

图 7.4　DSVA 模型架构

2）Vision Transformer

Vision Transformer 利用远程交互来提取图像表征，这对遥感场景识别至关重要，因为图像中不同空间区域的全局交互有助于场景预测。与卷积神经网络具有图像特异性的感应偏置（如小感受野）不同，Transformer 的自注意机制能产生更大的感受野，并引入不同图像区域之间的远程相互作用。如图 7.5 所示，输入图像 $x\in R^{H\times W\times C}$，其中 H,W,C 分别为高度、宽度和通道，被重塑为一批图像 $\{\tilde{x}_n\}_{n=1}^{N}$，$\tilde{x}_n\in R^{\frac{H}{k}\times\frac{W}{k}\times C}$，行数（或列数）是 k，图像大小 $N=k\times k$。

为了提取图像表示，本节首先引入了一个线性嵌入层 $f_0(\cdot)$ 将图像映射到 D 维空间嵌入 $Z^0\in R^{N\times D}$：

$$Z^0=\{f_0(\tilde{x}_1),f_0(\tilde{x}_2),\cdots,f_0(\tilde{x}_N)\} \tag{7.6}$$

然后图像嵌入将转发给 Transformer 中由 L 层多头自注意（MHSA）子网组成的编码器和多层感知器（MLP）子网[32]：

$$Z'^{l}=\mathrm{MHSA}(\mathrm{LN}(Z^{l-1}))+Z^{l-1} \tag{7.7}$$

$$Z^{l}=\mathrm{MLP}(\mathrm{LN}(Z'^{l}))+Z'^{l} \tag{7.8}$$

其中：$l=1,\cdots,L$，L 表示层数；每个隐藏嵌入 $Z^0,Z^1,\cdots,Z^L$ 的大小是 $R^{N\times D}$，Z^0 由式(7.9)得到，对两个子网中的每一个都使用残差连接[30]，然后进行层归一化(LN)操作[50]。

在每个多头自注意力模块中，使用归一化输入向量 $\mathrm{LN}(Z^{l-1})\in R^{N\times D}$（为简单起见本节中用 Z 表示），计算输入序列中每个元素的加权和，其中权重基于序列中两个元素之间的成对相似性。输入序列 $Z\in R^{N\times D}$ 被线性层映射为 3 个张量，即查询(Q)、键(K)和值(V)，正如 Dosovitskiy 等人[32]所做的那样：

$$[Q,K,V]=ZU_{\mathrm{qku}},\quad U_{\mathrm{qku}}\in R^{D\times D_{\mathrm{qkv}}} \tag{7.9}$$

之后，本节遵循 Vaswani 等人[33]通过缩放点积注意力来计算查询和键的自注意力：

$$\mathrm{Attention}(Q,K)=\mathrm{softmax}\left(\frac{QK^{\mathrm{T}}}{\sqrt{D_{\mathrm{qkv}}}}\right) \tag{7.10}$$

之后将 Attention(Q,K)与向量 V 相乘：

$$\mathrm{SA}(Z)=\mathrm{Attention}(Q,K)V \tag{7.11}$$

其中，SA(Z)为自注意模块的输出。在多头自注意(MHSA)子网中，上述自注意操作重复 s 次，即"头"数，输出通过线性层进行串联和投影，如下所示：

$$\mathrm{MHSA}(Z)=[\mathrm{SA}_1(Z),\cdots,\mathrm{SA}_s(Z)]U_{\mathrm{msa}},U_{\mathrm{msa}}\in R^{s\cdot D_{\mathrm{qkv}}\times D} \tag{7.12}$$

以确保当改变 s 时参数的数量不变，在式(7.9)和式(7.12)中的 D_{qkv} 通常设置为 D/s。所有局部图像块之间的相互作用结合了来自两个局部点的视觉线索，这有助于图像表示包含图像识别所需的信息。给定输出带有 $k\times k$ 个局部嵌入的图像特征 $Z^L\in R^{N\times D}$，每个局部嵌入 $z_n\in R^D$ 编码了局部图像 $\tilde{x}_n$ 和它与其他图像的交互信息。

3）视觉属性映射模块

本节提出了一个视觉属性映射(VAM)模块来回归图像特征的属性值，并预测图像类别。通过构建一个视觉属性映射层来学习 N_a 个原型向量 $p_1,p_2,\cdots,p_{N_a}$。第 i 个原型向量 $p_i\in R^D$，编码属性 a 的第 i 个视觉线索。注意，原型向量是可训练的向量。

由于原型向量应该为每个属性的视觉属性编码，所以本节使用了点积作为属性原型向量 p_i 与每个局部图像嵌入 z_n 之间的相似性，表示图像区域 $\tilde{x}_n$ 包含特定的属性的概率：

$$\mathrm{sim}(p_i,z_n)=p_i\cdot z_n \tag{7.13}$$

如图 7.4 所示，对第 i 个属性和 $N=k\cdot k$ 局部图像嵌入来形成注意图 $M_i\in R^{k\times k}$，表明属性 a_i 出现在图像 x 中的可能性为：

$$M_i=\{p_i \cdot z_n\}_{n=1}^{N} \tag{7.14}$$

然后通过求每个图像与属性原型之间相似度的最大值来预测属性值 $f_a(x)$：

$$f_a(x)=\min_{n}\{z_n \cdot p_i\} \tag{7.15}$$

其中，$f_a(x)$ 为预测的属性值，$f_a(x)\in R$。总的来说，预测图像 x 的属性嵌入 $f_a(x)\in R^{N_a}$ 是什么。为了将图像分配给特定的类，本节计算了所有训练类别中预测属性嵌入与真实属性嵌入之间的兼容性分数，如下所示：

$$S=f_A(x)\cdot r_A(y) \tag{7.16}$$

4）注意力汇聚（AC）模块

如图 7.4 所示，注意图 M_i 指出与属性原型具有相似属性的图像区域，利用这些注意图可以帮助模型定位属性信息并在类之间传递属性知识。为此，本节提出了一个注意力汇聚模块来裁剪和突出显示属性信息图像区域，并用裁剪后的图像 $\hat{x}$ 来训练 DSVA 网络。

从 VAM 模块生成的 N_a 个属性注意图 $\{M_i\}_{i=1}^{N_a}$〔见式(7.14)〕，目标是专注于属性相关的图像区域，并裁剪原始图像 x。首先把注意力图加起来，得到平均注意力：

$$\bar{M}=\frac{1}{N_a}\sum_{i=1}^{N_a}M_i \tag{7.17}$$

则平均注意值计算如下：

$$\bar{m}=\frac{1}{N}\sum_{\alpha=1}^{k}\sum_{\beta=1}^{k}\bar{M}_{\alpha,\beta} \tag{7.18}$$

其中，平均注意力的空间坐标是 α 和 β，$N=k\times k$。然后做一个集中掩膜 C，尺寸是 $k\times k$，为了突出显示信息丰富的图像区域，令

$$C_{\alpha,\beta}=\begin{cases}1, & \bar{M}_{\alpha,\beta}>\bar{m}\\ 0, & \bar{M}_{\alpha,\beta}<\bar{m}\end{cases} \tag{7.19}$$

属性关注度高于平均值 $\bar{m}$ 的区域标记为 1，属性关注值低于平均值 $\bar{m}$ 的区域标记为 0。然后用最小的边界框来覆盖 C 中所有的非零值。裁剪原始图像 x 变成裁剪后的图像 $\hat{x}$，并将裁剪后的图像再次输入 Vision Transformer 和 VAM 模块。通过在每批中迭代运行 VAM 模块和注意力汇聚模块，指出不同类别之间的细节区别，其中注意力汇聚模块将帮助网络关注信息属性区域。

2. 损失函数

本节将引入损失函数 L_{DSVA} 来训练 DSVA 模型。

1）语义兼容性损失

语义兼容性损失用来监督 DSVA 模型的训练。给定输入图像 x，其标签为 y，

真实属性嵌入为 $r_A(y)$，本部分建议使用交叉熵损失，鼓励图像与其对应的属性标签具有较高的兼容性分数，如下所示：

$$L_{SC}(x) = -\lg \frac{\exp(f_A(x) \cdot r_A(y))}{\sum_{y_i \in Y^s} \exp(f_A(x) \cdot r_A(y_i))} \tag{7.20}$$

其中，$f_A(x) \cdot r_A(y_i)$ 是目标图像 x 与类别标签 y_i 之间的兼容性评分。类似地，由注意力汇聚模块生成并裁剪后的图像 $\hat{x}$ 的语义兼容性损失是：

$$L_{SC}(\hat{x}) = -\lg \frac{\exp(f_A(\hat{x}) \cdot r_A(y))}{\sum_{y_i \in Y^s} \exp(f_A(\hat{x}) \cdot r_A(y_i))} \tag{7.21}$$

在此处使用交叉熵损失来强制目标图像 x 与其标签 y 之间的兼容性评分尽可能地高，而不匹配的图像和标签之间的兼容性分数要尽可能地小。

2）语义回归损失

为了便于视觉语义映射模块的训练，本节进一步将属性预测作为一个回归问题来考虑，并最小化预测属性与真实属性嵌入之间的均方误差（MSE），方法如下：

$$L_{MSE}(x) = \| f_A(x) - r_A(y) \|_2 \tag{7.22}$$

其中，y 是图像 x 的标签。通过优化回归损失，本部分将转换器学习到的图像表示强制包含语义信息，并为每个属性编码视觉线索，从而提高了 ZSL 的知识泛化能力。裁剪后的图像 $\hat{x}$ 的语义回归损失为：

$$L_{MSE}(\hat{x}) = \| f_A(\hat{x}) - r_A(y) \|_2 \tag{7.23}$$

总体而言，在每批的网络中，通过以下两个目标函数迭代优化 Transformer 和可视化属性映射模块：

$$L_{DSVA} = L_{SC}(x) + \lambda L_{MSE}(x) + L_{SC}(\hat{x}) + \lambda L_{MSE}(\hat{x}) \tag{7.24}$$

其中，λ 是可调节的系数。

3.（广义）零样本推理

零样本推断主要是将图像归类到不可见类 Y^u。首先，给定输入图像 x，DSVA 模型首先提取图像表示 Z_L。然后，由 VAM 模块将视觉特征映射到属性空间中，得到预测的属性值 $f_A(x)$。最后，网络搜索到与预测属性的兼容性得分最高的预测的类别 $\hat{y}$：

$$\hat{y} = \mathrm{argmax}_{y \in Y^u} f_A(x) \cdot r_A(y) \tag{7.25}$$

对于广义零样本推断，图像被分为可见和不可见两类，网络搜索预测类别 $\hat{y}$ 兼容性得分最高的选项如下：

$$\hat{y} = \mathrm{argmax}_{y \in Y^s \cup Y^u} (f_A(x) \cdot r_A(y) - \gamma \phi(y \in Y^s)) \tag{7.26}$$

由于仅使用所见类训练的网络会对训练类有偏差，本节采用偏差校准方法减少对训练类的偏差。其中 $\phi(y \in Y^s)$ 为指示函数，当 y 属于可见类时为 1，否则为零。

7.4 实　　验

本节首先介绍数据集和实验设置，展示每个模块的消融研究；然后在 ZSL 和 GZSL 实验中将 DSVA 模型与其他最先进的模型进行了比较；最后用定性的结果证明了 RSMM-Attributes 的有效性。

7.4.1 数据集

本实验使用大规模基准数据集 RSSDIVCS[29] 进行零样本学习实验，该数据集集成了 UCM[51]、AID[52]、NWPU-RESISC45[2]、RSI-CB256[53] 4 个数据集的图像场景。RSSDIVCS 数据集由 70 个类别共 56 000 个图像组成，从自然场景（如湖泊、山脉和海冰）到包含人类活动的场景（如学校、体育场和火力发电站）。由于遥感场景的细粒度特性，土地覆盖将出现在不同的场景中，因此 RSSDIVCS 数据集中的许多类别很难区分。图 7.5 展示了 3 组细粒度场景类别的代表性图像。我们采用与之前工作[22]相同的数据集分割，其中 70 个类别被随机分成 3 个不同的可见/不可见比率，即 60/10、50/20、40/30。这里 60/10 表示采用 60 个类别作为可见类，其余 10 个类别作为不可见类。

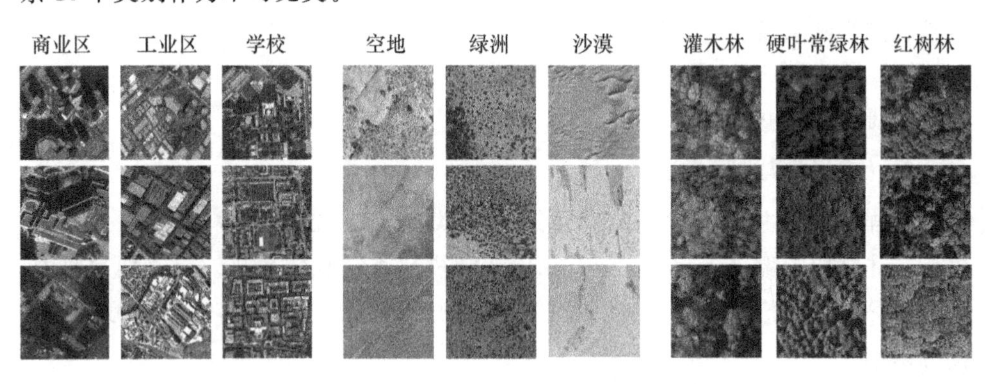

图 7.5　RSSDIVCS 数据集[29]中 3 组相似的场景类别

采用遥感图像说明数据集（RSICD）[48]对 CLIP 模型进行微调。该数据集包含 10 921 个遥感影像，采集自 Google Earth、百度地图、MapABC 和天地图。图像大小固定为 224 × 224 像素，具有各种分辨率，每个图像有 5 个文本描述。RSICD 数据集中的所有图像都用于微调过程。

7.4.2 评价指标

对于ZSL任务，需要采用所有未见类的总体准确率作为评价指标。对于GZSL场景，网络需要识别来自可见和未见类别的图像，本课题遵循Xian等人[12]的方法，同时考虑可见(S)和未见(U)类别的精度，使用谐波平均精度，谐波平均精度如下所示：

$$H=\frac{(2\times S\times U)}{S+U} \tag{7.27}$$

7.4.3 训练细节

为了对CLIP模型进行微调，本课题采用官方预训练的CLIP模型[31]作为主干。Adam优化器$\beta_1=0.5$和$\beta_2=0.999$对网络进行优化。在前20个epoch进行预热时，学习率从2×10^{-6}线性增加到5×10^{-5}，然后在200个epoch中每个epoch下降0.5%。为了避免调优过多的超参数，温度超参数τ在式(7.4)和式(7.5)中，控制softmax函数中对数的取值范围，根据文献[31]直接优化为对数参数化的乘法标量。在推理过程中，每个类的探测图像数量在式(7.1)中设为10。

训练DSVA网络时采用预训练的Vision Transformer[32] VIT-b /32作为主干，一共有12层[31]。Adam优化器$\beta_1=0.5$和$\beta_2=0.999$对网络进行端到端优化。首先固定Transformer主干，并设置学习率为1×10^{-4}，对4个epoch的视觉属性映射(VAM)模块进行预热，然后以1×10^{-6}的学习率对整个网络进行26个epoch的训练。此外，所有的实验都设置$\lambda=0.08$，校准的堆叠因子设置为1×10^{-4}。

7.4.4 消融实验

本节将介绍提出的DSVA模型和RSMM-Attributes的消融研究。

1. DVSA的消融实验

为了测量所提出的DSVA模型的每个组成部分的影响，本节设计了一个消融研究：在训练Vision Tranformer和视觉属性映射(VAM)模块时，只考虑语义兼容性损失L_{SC}以语义回归损失和注意力汇聚模块为基础，逐步训练两种DSVA变体。模型是用本课题自动标注的RSMM-Attributes进行训练的。

表7.1(左)中的ZSL结果表明，在不同的ZSL分割下，完整的DSVA模型比基线模型有很大的提高。例如，基线模型VAM$+L_{SC}$从74.1%提高到84.0%(60/10)，从53.8%提高到64.2%(50/20)，从48.8%提高到60.2%(40/30)。具体来说，语

义回归损失 L_{MSE} 强制 Transformer 主干学习的图像表示包含语义信息，这大大提高了性能，即 6.2%(60/10)，9.5%(50/20)和 7.2%(40/30)。这表明语义回归损失对图像表示中的属性信息进行了编码，从而提高了 ZSL 模型的知识传递能力。注意力汇聚模块帮助网络集中在信息属性区域，也提供了显著的准确性增益，分别为 3.7%(60/10)、0.9%(50/20)和 4.2%(40/30)。结果表明，突出属性相关区域有助于模型区分不同的类别。

表 7.1　DSVA 模型 ZSL 不可见类 Top1 精度　(%)

模型	ZSL			GZSL								
	60/10	50/20	40/30	60/10			50/20			40/30		
	T1	T1	T1	U	S	H	U	S	H	U	S	H
VAM $+L_{AC}$	74.1	53.8	48.8	40.9	**79.9**	54.1	36.1	**75.3**	48.8	31.5	**71.2**	43.7
$+L_{MSE}$	80.3	63.3	56.0	62.3	72.9	67.2	50.0	62.2	55.4	42.4	58.9	49.3
+AC(DSVA)	**84.0**	**64.2**	**60.2**	**68.4**	67.1	**67.7**	**53.5**	59.8	56.5	**43.7**	58.1	**49.9**

广义零样本学习(generalized zero-shot learning，GZSL)设置下的结果如表 7.1(右)所示，其趋势与零样本学习的结果相似。首先，引入语义回归损失和注意力汇聚模块，帮助模型正确识别 GZSL 设置中不可见的类。例如，未见类别(U)的准确率从 40.9%提高到 68.4%(60/10)，从 36.1%提高到 53.5%(50/20)，从31.5%提高到 43.7%(40/30)。值得注意的是，语义回归损失极大地提高了性能。这是因为在语义回归损失的情况下，我们强制转换器学习到的图像表示包含属性信息，并为每个属性原型编码视觉线索，从而促进了可见类和不可见类之间的知识传递。结果表明，提高模型对重要属性和信息图像区域的关注能力将显著减少对所见类别的偏差。因此，本章提出的全 DSVA 模型的视觉类精度(S)有所下降，因为更好的模型在视觉类上不会有很强的偏差，并且能在所有类上实现更平衡的精度。总体而言，谐波平均值(H)显著提高了 13.6%(60/10)，7.7%(50/20)和 6.2%(40/30)。

2. 类嵌入方法的消融实验

为了评估本课题自动收集的 RSMM-Attribute 的有效性，本节将其与以下3 种先进的模型广泛使用的类嵌入进行比较。①SR-RSKG[22] 是从知识中提取的遥感场景语义表示图，10 位遥感专家参与构建知识图。②Word2Vec 嵌入是基于维基百科语料库预训练的 Word2Vec 模型提取的每个遥感分类的 300 维词嵌入。③利用领域知识构建 BERT 嵌入，邀请多位遥感专家对每个遥感场景类别进行描述，并用一句话进行总结，然后利用 BERT 模型将句子映射到 1 024 维的嵌入。

分别在 ZSL 和 GZSL 两种设置下使用上述 3 种类嵌入来训练 DSVA 网络。

如图 7.6 所示，BERT 嵌入在所有情况下都优于 Word2Vec 嵌入。这是因为 BERT 嵌入中所使用的描述每个遥感类别的句子比 Word2Vec 嵌入中仅使用类别名称包含更多的语义信息，并且在零样本学习场景下具有更好的泛化能力。当使用 DSVA 模型进行训练时，SR-RSKG 嵌入的表现与 BERT 和 Word2Vec 相似。此外，RSMM-Attributes 在不同数据集分割的 ZSL 和 GZSL 设置下都比其他可选的类嵌入工作得更好。例如，使用 40/30 分割，与使用 BERT 训练的模型相比，使用 RSMM-Attributes 训练的模型提供了显著的性能增益，分别提高了 21.1%(ZSL)和 9.3%(GZSL)。使用 50/20 分割，RSMM-Attributes 实现 64.2%(ZSL)和 56.5%(GZSL)，而 BERT 仅获得 44.7%(ZSL)和 44.2%(GZSL)。结果表明了 RSMM-Attributes 的两个优点。首先，RSMM-Attributes 中编码的视觉属性有助于 ZSL 网络对未见类的视觉空间进行建模，准确识别未见图像；其次，与其他类嵌入无法说明其编码的具体语义不同，我们的 RSMM-attributes 中的每个维度表示一个特定的语义属性，这对于 ZSL 网络来说是直观的，可以将不同的类别与这些属性联系起来，有利于类内知识的传递。结果验证了使用语言视觉多模态网络对 RSMM 属性进行标注的重要性。

图 7.6 的彩图

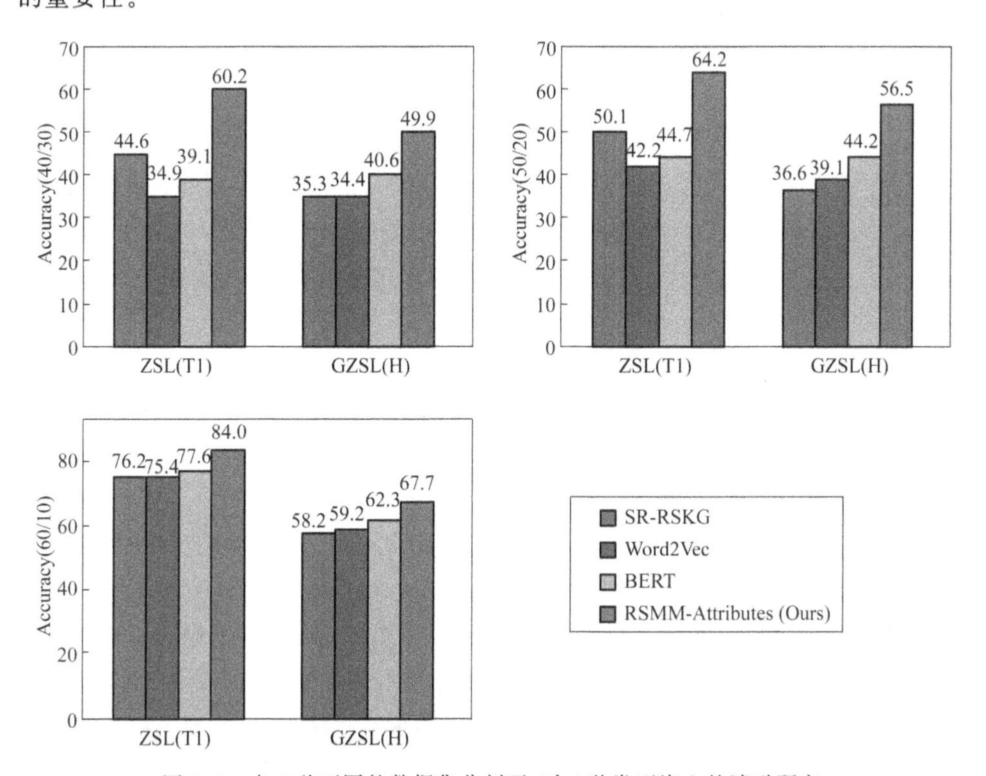

图 7.6 在 3 种不同的数据集分割下，对 4 种类型嵌入的消融研究

3. 注意力汇聚模块的消融实验

本节将注意力汇聚模块与最近提出的其他 3 种注意力模块进行了比较。瓶颈关注模块(BAM)[54]沿着两个独立的路径,即通道和空间注意,推断出一个注意力图,以集中在重要的图像区域和通道上。卷积块注意模块(CBAM)[55]进一步利用最大池化从特征图中生成更显著的特征,以集中在全局区域。Li 等人[11]提出使用梯度注意图(gradient attention map, GradCAM)作为注意模块来关注图像的显著区域。本节训练带有语义兼容性损失的 DSVA 模型 L_{SC} 作为基础模型,分别加入 3 个注意模块,验证其有效性。如表 7.2 所示,注意力汇聚模块与语义回归损失 L_{MSE} 远远超过其他竞争者。例如,与 GradCAM 注意力模块相比,属性注意力汇聚模块性能增益提高了 7.2%(60/10)、9.0%(60/10)和 10.1%(40/30)。这是因为 DVSA 模型对图像表示中的属性信息进行了编码,从而提高了 ZSL 模型的知识传递能力。此外,注意力汇聚模块帮助网络集中在每个类别的属性值引导下的所有信息属性区域,与其他注意力模块只集中在一个可学习参数推断的图像区域相比,具有显著的精度提高。

表 7.2 本模型的注意力汇聚模块与其他注意力模块的性能对比 (%)

模型	Zero-shot learning		
	60/10	50/20	40/30
	T1	T1	T1
basemodel	74.1	53.8	48.8
basemodel+BAM[54]	75.5	54.6	49.0
basemodel+CBAM[55]	75.9	54.9	49.5
basemodel+GradCAM[11]	76.8	55.2	50.1
basemodel+Ours	**84.0**	**64.2**	**60.2**

7.4.5 主要结果

本节将深度语义-视觉对齐(DSVA)模型与两组最先进的模型进行比较。非生成模型学习图像特征和类嵌入之间的投影函数,即 SPLE[56]、DMaP[57] 和 LPDCMENs[58]。生成模型学习自动编码器或生成对抗网络,以合成不可见类的图像特征,即 SAE[59]、ZSC-SA[60]、CIZSL[61]、CADAVAE[41]、TF-VAEGAN[62]、CE-GZSL[63] 和 DAN[22]。本节使用两个不同的主干(ResNet18 和 ViT)构建 DSVA 模型,所有其他ZSL模型都使用从ResNet18[30]提取的图像表示。本节首先比较了用3种不同的类嵌入训练的模型,即SR-RSKG[22]、Word2Vec[23]和BERT[25],然后将DSVA模型的性能与其他SOTA模型的最佳性能进行比较。

表7.3展示了3种类嵌入训练的不同模型的广义零样本学习性能。可以观察到,本章提出的DSVA模型比所有其他SOTA模型产生了更好的谐波平均值。具体来说,当使用BERT嵌入进行训练时,ResNet 18作为主干的DSVA模型准确率达到52.0%(60/10)、39.8%(50/20)和33.8%(40/30),远高于第二好的模型DAN,后者获得38.0%(60/10)、31.5%(50/20)和28.2%(40/30)的准确率。当使用从知识图中学习到的SR-RSKG嵌入进行训练时,DSVA(RN18)模型与DAN[22]相比仍然具有显著的性能提升,提高了10.4%(60/10)、1.9%(50/20)和4.3%(40/10)。当使用Vision Transformer(ViT)作为主干时,模型性能得到进一步提升。这表明,DSVA模型强制视觉特征和类嵌入之间的对齐能够平衡不可见类和可见类的性能,并减少对可见类的偏向。

表7.3 DVSA模型与其他模型在GZSL任务上的性能表现 (%)

SideInfo	Seen/Unseen ratio	SAE	DMaP	CIZSL	CADA-VAE	DAN	DSVA(RN18)(Ours)	DSVA(ViT)(Ours)
SR-RSKG	60/10	28.9	30.1	23.7	38.1	40.3	50.7	**58.2**
	50/20	23.7	23.4	13.9	32.9	34.1	36.0	**36.6**
	40/30	16.9	16.2	8.1	28.1	29.6	33.9	**35.3**
Word2Vec	60/10	28.0	28.9	25.2	32.9	34.1	48.2	**59.2**
	50/20	21.0	20.3	15.7	30.3	31.4	36.4	**39.1**
	40/30	17.2	16.8	9.1	26.1	25.6	30.1	**34.4**
BERT	60/10	28.6	26.6	25.0	36.3	38.0	52.0	**62.3**
	50/20	21.5	19.5	15.0	31.5	31.5	39.8	**44.2**
	40/30	16.7	16.3	8.6	27.1	28.2	33.8	**40.6**

表7.4显示了使用两个类嵌入训练的不同模型的Top-1 ZSL精度,其中本书模型的性能与其他SOTA方法相当或更好。值得注意的是,当使用Word2Vec和BERT嵌入进行训练时,DSVA模型大大优于其他模型。例如,使用Word2Vec训练的DSVA(RN18)模型将DAN[22]的准确率从44.3%(60/10)提高到55.7%(60/10);使用BERT嵌入训练的DSVA(RN18)模型将CADAVAE[41]的准确率从48.1%(60/10)提高到59.4%(60/10)。这些改进证明了DSVA模型在不同类嵌入的帮助下识别未见类的能力。

表 7.4 DVSA 模型与其他模型在 ZSL 任务上的性能表现 (%)

SideInfo	Seen/Unseen ratio	SAE	DMaP	SPLE	CIZSL	CADA-VAE	ZSC-SA	DAN	DSVA (RN18) (Ours)	DSVA (ViT) (Ours)
SR-RSKG	60/10	22.1	33.1	28.5	18.2	50.5	31.3	53.3	58.7	**76.2**
	50/20	12.8	20.3	17.2	8.9	39.6	19.1	45.2	46.6	**50.1**
	40/30	9.2	12.9	10.2	7.1	28.2	13.6	33.4	35.9	**44.6**
Word2Vec	60/10	23.5	26.0	20.1	20.6	41.4	26.7	44.3	55.7	**75.4**
	50/20	13.7	16.7	13.2	10.6	30.3	15.2	34.7	39.9	**42.2**
	40/30	9.6	10.4	9.8	6.0	21.2	12.1	24.3	31.0	**34.9**
BERT	60/10	22.0	16.4	19.0	20.4	48.1	29.3	50.2	59.4	**77.6**
	50/20	12.4	15.6	13.2	10.3	37.1	18.3	43.4	44.0	**44.7**
	40/30	8.8	10.0	8.3	6.2	26.3	13.1	31.5	35.3	**39.1**

表 7.5 比较了使用 RSMM-Attributes 训练的 DSVA 模型和其他 SOTA 模型的最佳性能。为了公平比较，本实验用两种不同的类嵌入来训练模型，即 SR-RSKG[22] 和本书的 RSMM-Attributes。此外，本书用两个不同的主干构建了 DSVA 模型，即 ResNet18[30]（记为 RN18）和 Vision Transformer（记为 ViT）[32]。在 ZSL 设置下，与所有其他最先进的模型相比，DSVA 模型在 3 个数据集分割上产生一致的改进。与最近提出的用于 ZSL 遥感场景分类的非生成模型 LPDCMENs 相比，使用 SR-RSKG 训练的 DSVA（RN18）准确率分别提高了 14.9%(60/10)、21.7%(50/20)和 14.3%(40/30)。当使用本书提出的 RSMM-Attributes 进行训练时，DSVA 模型的 ZSL 性能得到了进一步的提高。DSVA（RN18）相比于生成模型 DAN 有了不错的性能改进，将未见类别的图像合成的性能从 53.3%提高到 69.8%(60/10)，从 45.2%提高到 48.7%(50/20)，从 33.4%提高到 40.5%(40/30)。

表 7.5 使用 RSMM-Attributes 训练的 DSVA 模型和其他 SOTA 模型的最佳性能比较

SideInfo	模型	ZSL 准确率			GZSL 准确率			模型尺寸/MB
		60/10 T1(%)	50/20 T1(%)	40/30 T1(%)	60/10 H(%)	50/20 H(%)	40/30 H	
SR-RSKG	SAE[59]	22.1	12.8	9.2	28.9	23.7	16.9	44.59
	CIZSL[61]	18.2	8.9	7.1	23.7	13.9	8.1	50.59
	DMaP[57]	33.1	20.3	12.9	30.1	23.4	16.2	44.59
	CADA-VAE[41]	50.5	39.6	28.2	38.1	32.9	28.1	26.34

续 表

SideInfo	模型	ZSL 准确率			GZSL 准确率			模型尺寸/MB
		60/10 T1(%)	50/20 T1(%)	40/30 T1(%)	60/10 H(%)	50/20 H(%)	40/30 H(%)	
SR-RSKG	TF-VAEGAN[22]	51.5	41.9	30.0	40.1	35.0	29.2	291.73
	CE-GZSL[22]	53.6	44.7	32.1	42.9	35.9	32.1	156.08
	ZSC-SA[60]	31.3	19.1	13.6	—	—	—	—
	LPDCMENs[29]	43.8	24.9	21.6	—	—	—	—
	DAN[22]	53.3	45.2	33.4	40.3	34.1	29.6	—
	DSVA(RN18)(Ours)	58.7	46.6	35.9	50.7	36.0	33.9	43.01
	DSVA(ViT)(Ours)	76.2	50.1	44.6	58.2	36.6	35.3	334.20
RSMM-Attributes	DSVA(RN18)(Ours)	69.8	48.7	36.4	52.1	37.6	37.3	43.01
	DSVA(ViT)(Ours)	84.0	64.2	60.2	67.7	56.5	49.9	334.20

与针对普通光学图像设计的 SOTA ZSL 模型 CE-GZSL[63] 相比，使用轻型骨干 ResNet18 训练的模型 DSVA 的参数量仅有 43.01 MB，ZSL 精度已经能够达到 69.8%(60/10)、48.7%(60/10)和 36.4%(40/30)，而 CE-GZSL 模型仅达到 53.6%(60/10)、44.7%(60/10)和 32.1%(40/30)，并且其参数更多(156.08 MB)。当采用参数量为 334.20 MB 的更大模型 ViT 作为主干时，我们的模型 ZSL 精度显著提高到 84.0%(60/10)、64.2%(60/10)和 60.2%(40/30)。结果表明，本章的 DVSA 模型已经可以优于所有其他参数很少的 ZSL 模型。以视觉变换(vision transformer，ViT)为骨干，关联远端场景图像的全局信息，对零拍模型识别未见类非常有用。在表 7.5(右)的 GZSL 设置下观察到同样的趋势，其中 DSVA(ViT)模型比所有其他 SOTA 模型性能好。这表明，即使在模型需要同时识别可见类和不可见类的现实设置下，本章提出的非生成模型 DSVA 仍然具有最好的泛化能力，并且优于其他生成模型。

7.5 属性可视化

首先，对属性空间中的类分布进行可视化，结果如图 7.8 所示，其中选择了 10 个不可见的类，每个类有 1 000 张图像。对每张图片 x，提取 RSMM-Attribute 值 $r_A(x)\in R^{N_A}$，其中每个维度表示图像 x 与属性 a 的相似度 $f_{\mathrm{sim}}(E_t(a),E_v(x))$。然后使用 t-SNE[64] 将所有 10 000 张图像的属性嵌入到二维空间中。从图 7.8 可以看出，属性空间具有类判别性，可以很好地将各个类别分开。此外，属性可以同时反映视觉和语义的相关性。例如，视觉上相似的类，如活动房屋公园和人行横道，在属性空间中彼此靠近。这是因为 RSSM-Attributes 不仅可以对每个图像中的视觉信息进行编码，还可以同时根据文本描述对语义相关性进行编码。这种特性有利于零点泛化，即通过语义类嵌入传递视觉知识。

其次，通过实验探索具有不同属性的图像在属性空间中的位置。在图 7.7 中用深色点表示激活某一属性的图像，即属性值最高的前 10％的图像，用浅色点标记其他图像。可视化结果表明，具有相同属性的图像倾向于在二维属性空间中共存。同时，具有某些相同属性的图像可能会根据其他属性而有所不同。如图 7.7 所示，每个属性的图像聚类通常根据其整体外观相似度进行拆分。例如，在图 7.7(a)中，甜点和山都包含属性“沙”，在图 7.7(d)中，机场和港口都包含属性“运输”。这表明 RSMM-Attribute 不仅可以将具有相同属性的图像链接在一起，还可以区分不同类别的图像。

图 7.7 的彩图

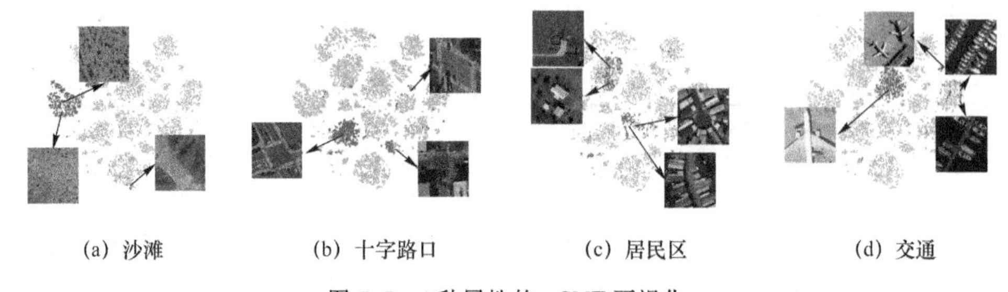

(a) 沙滩　(b) 十字路口　(c) 居民区　(d) 交通

图 7.7　4 种属性的 t-SNE 可视化

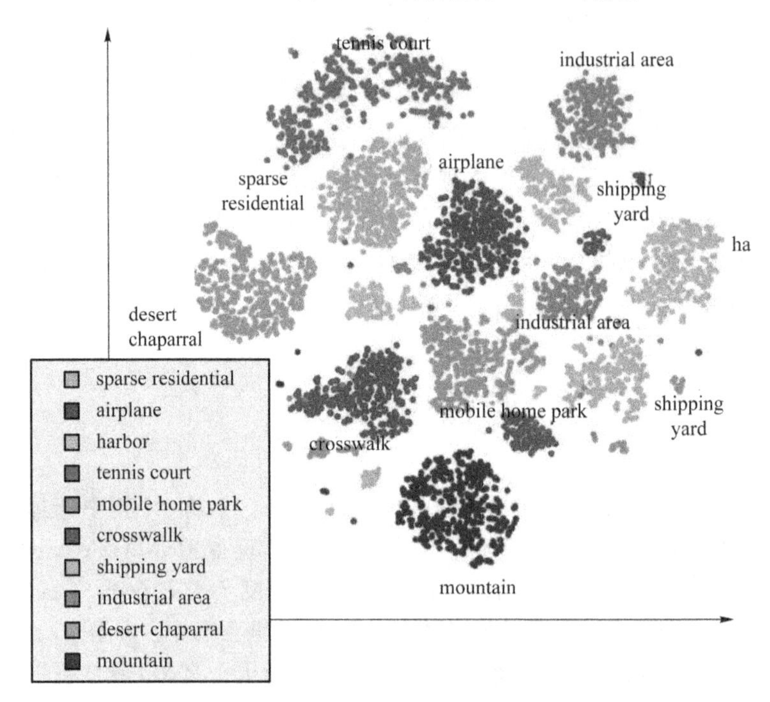

图 7.8　场景图像在 2-D 属性空间中的分布

图 7.8 的彩图

图 7.9 展示了几个类的真实 RSSM 属性嵌入的一些示例。由于每个类有 98 个属性,为了节省空间,表中只显示属性值最高的前 5 个属性和属性值最低的后 5 个属性。如图 7.9 所示,前 5 个属性表示每个类最具代表性的视觉和语义属性。例如,对于类篮球场,属性"对称"和"平坦"代表纹理,"沥青"代表材料,"矩形"和"正方形"代表形状。相反,通常与篮球场不相关的属性,如"雪""沙""山""云"和"远足"的属性值较低。

类	图像	前5个属性	值	后5个属性	值
稀疏住宅区		建筑物 平房 对称 砖墙 草地	0.122 6 0.122 1 0.120 7 0.115 3 0.114 3	花 海 购物 红色 大理石	0.078 5 0.080 7 0.084 3 0.085 8 0.087 0
篮球场		对称 平坦 沥青 矩形 正方形	0.118 9 0.115 2 0.114 5 0.113 8 0.113 6	雪 沙 山 云 远足	0.075 3 0.078 8 0.085 5 0.087 2 0.087 3
公园		静水 弯路 树木 林地 流水	0.119 6 0.117 9 0.115 0 0.114 3 0.114 0	平房 车 棕褐色 橘色 吸烟	0.079 3 0.079 9 0.081 0 0.081 9 0.082 5

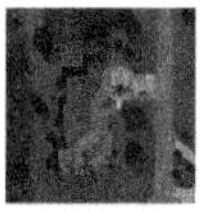

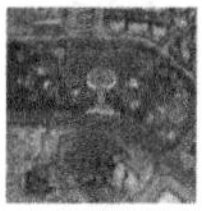

图 7.9 几个 RSSM-Attributes 嵌入示例

图 7.10 展示了一些带注释的 RSMM-Attributes 的图像示例。对于每个属性,选出标注了最高属性值的图像,以及标注了最低属性值的图像。根据图 7.10 可以推断出以下几点结论。首先,属性值最高的激活图像都正确传达了属性,如十字路口、高架桥、高速公路中存在的"宽路"属性,网球场、广场中存在的"对称"属性。此外,与激活具有相同视觉外观的图像不同,积极图像包含具有不同视觉线索的属性。例如,储罐中的圆形屋顶,广场中的圆形道路,棒球场中的圆形运动场,虽然表示不同的对象,但都激活了"圆"属性。这表明,本书模型可以在不同的对象上发现相同的属性,并促进属性的共享和知识的跨类传递。此外,每个属性的否定示例并不传达任何属性,而是显示语义上相反的属性。例如,"圆"的否定例是包含直条纹的图像,"宽路"的否定例是包含窄路的场景。这一有趣的观察表明了使用语义视觉预训练网络的优势,该网络编码了流畅的语义信息视觉属性空间,有利于零样本学习,其中每个类别都由语义属性描述。

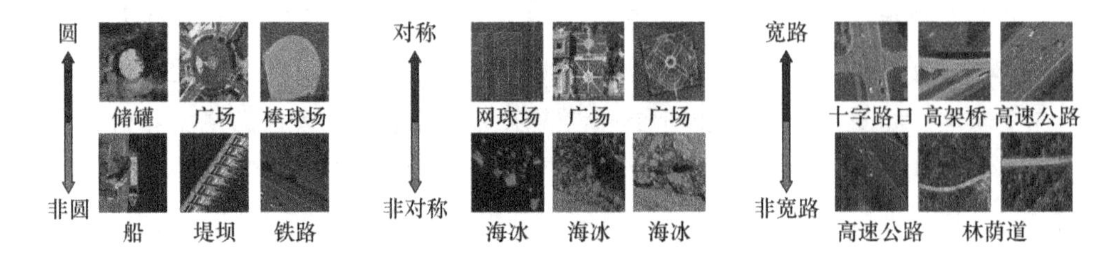

图 7.10　三个 RMSS 属性的激活/不激活示意图

7.6　结　　论

在遥感场景中，识别以前未见过的类的需求不断增加，因此本章的目标是提高 ZSL 模型用于遥感场景分类的性能。为了减轻属性标注的人工开销，本章提出了一种语义-视觉多模态网络来自动标注每个类别的视觉可检测属性。此外，本章还提出了一种深度语义-视觉对齐模型，将视觉图像映射到属性空间中，同时对可见类和不可见类图像进行分类。通过明确地鼓励模型将局部图像区域关联在一起，可在自注意的帮助下更好地表征学习。此外，模型中的注意力汇聚模块能够对信息属性区域进行关注。大量的实验表明，本章提出的模型比目前最先进的模型有很大的改进。此外，本书定性地验证了标注的 RSMM 属性既具有类判别性又具有语义相关性，这有利于在可见类和未见类之间实现零样本知识转移。

本章参考文献

[1] TOTH C, JÓŹKÓW G. Remote sensing platforms and sensors: A survey [J]. ISPRS J. Photogramm. Remote Sens. ,2016, 115:22-36.

[2] CHENG Gong, HAN Junwei, LU Xiaoqiang. Remote sensing image scene classification: Benchmark and state of the art[J]. Proceedings of the IEEE, 2017, 105(10): 1865-1883.

[3] GU Yating, WANG Yantian, LI Yansheng, et al. A survey on deep learning-driven remote sensing image scene understanding: Scene classification, scene retrieval and scene-guided object detection[J]. Appl. Sci. ,2019, 9(10):2110.

[4] CHEN Qiang, CHENG Qianhao, WANG Jinfei, et al. Identification and evaluation of urban construction waste with VHR remote sensing using

multifeature analysis and a hierarchical segmentation method[J]. Remote Sens., 2021,13(1): 158.

[5] LI Jun, PEI Yanqiu, ZHAO Shaohua, et al. A review of remote sensing for environmental monitoring in China[J]. Remote Sens.,2020, 12(7): 1130.

[6] CHENG Gong, XIE Xingxing, HAN Junwei, et al. Remote sensing image scene classification meets deep learning: Challenges, methods, benchmarks, and opportunities[J]. IEEE J. Sel. Top. Appl. Earth Obs. Remote Sens., 2020,13:3735-3756.

[7] WANG Qi, HUANG Wei, XIONG Zhitong, et al. Looking closer at the scene: Multiscale representation learning for remote sensing image scene classification[J]. IEEE Trans. Neural Netw. Learn. Syst.,2020,33(4): 1414-1428.

[8] DENG Jia, DONG Wei, SOCHER R, et al. Imagenet: A largescale hierarchical image database[C]//IEEE/CVF Computer Vision and Pattern Recognition Conference. Miami:IEEE,2009: 248-255.

[9] XUE Zhaohui, DU Peijun, LI Jun, et al. Sparse graph regularization for robust crop mapping using hyperspectral remotely sensed imagery with very few in situ data[J]. ISPRS J. Photogramm. Remote Sens.,2017, 124: 1-15.

[10] ALAJAJI D, ALHICHRI H S, AMMOUR N, et al. Few-shot learning for remote sensing scene classification [C]//2020 Mediterranean and Middle-East Geoscience and Remote Sensing Symposium. Tunis: IEEE, 2020: 81-84.

[11] LI Haifeng, CUI Zhenqi, ZHU Zhiqing, et al. RS-MetaNet:Deep meta metric learning for few-shot remote sensing scene classification. arXiv preprint arXiv:2009.13364,2020a.

[12] XIAN Yongqin, LAMPERT C H, SCHIELE B, et al. Zero-shot learning-a comprehensive evaluation of the good, the bad and the ugly [J]. TPAMI, 2019,41(9): 2251-2265.

[13] XU Wenjia, XIAN Yongqin, WANG Jiuniu, et al. Vgse: Visually-grounded semantic embeddings for zero-shot learning[C]//Proceedings of the IEEE/CVF International Conference on Computer Vision. New Orleans, LA:IEEE,2022:9306-9315.

[14] ZHU P, WANG H, SALIGRAMA V. Zero shot detection[J]. IEEE Trans. Circuits Syst. Video Technol., 2019,30(4): 998-1010.

[15] XU Wenjia, XIAN Yongqin, WANG Jiuniu, et al. Attribute prototype network for zero-shot learning[C]//Conference on Neural Information Processing Systems. virtual:MIT Press,2020b:21969-21980.

[16] PATTERSON G, XU Chen, SU Hang, et al. The sun attribute database: Beyond categories for deeper scene understanding[J]. IJCV, 2014, 108(1-2): 59-81.

[17] WAH C, BRANSON S, WELINDER P, et al. The Caltech-UCSD Birds-200-2011 Dataset: CNS-TR-2011-001 [R]. California Institute of Technology, 2011.

[18] FARHADI A, ENDRES I, HOIEM D, et al. Describing objects by their attributes[C]//IEEE/CVF Computer Vision and Pattern Recognition Conference. Miami Beach:IEEE, 2009:1778-1785.

[19] XU Wenjia, XIAN Yongqin, WANG Jiuniu, et al. Attribute prototype network for any-shot learning[J]. Int. J. Comput. Vis., 2022a,130(7): 1-19.

[20] AKATA Z, PERRONNIN F, HARCHAOUI Z, et al. Label-embedding for image classification[J]. IEEE Trans. Pattern Anal. Mach. Intell., 2015,38(7): 1425-1438.

[21] XU Wenjia, WANG Jiuniu, WANG Yang, et al. Where is the model looking at? -concentrate and explain the network attention[J]. IEEE Journal of Selected Topics in Signal Processing, 2020, 14(3): 506-516.

[22] LI Yansheng, KONG Deyu, ZHANG Yongjun, et al. Robust deep alignment network with remote sensing knowledge graph for zero-shot and generalized zero-shot remote sensing image scene classification[J]. ISPRS Journal of Photogrammetry and Remote Sensing, 2021, 179: 145-158.

[23] MIKOLOV T, SUTSKEVER I, Chen K, et al. Distributed representations of words and phrases and their compositionality[C]//Conference on Neural Information Processing Systems. Lake Tahoe: MIT Press,2013: 3111-3119.

[24] PENNINGTON J, SOCHER R, MANNING C D. Glove: Global vectors for word representation[C]//EMNLP. Doha:ACL,2014: 1532-1543.

[25] DEVLIN J, CHANG Mingwei, LEE K, et al. Bert: Pre-training of deep bidirectional transformers for language understanding[C]//Conference of the North-American-Chapter of the Association-for-Computational-Linguistics-Human Language Technologies. Minneapolis: Assoc Computat Linguist,2019: 4171-4186.

[26] ZHAO Quanhua, JIA Shuhan, LI Yu. Hyperspectral remote sensing image classification based on tighter random projection with minimal intra-class variance algorithm[J]. Pattern Recognit., 2021,111: 107635.

[27] LI Aoxue, LU Zhiwu, WANG Liwei, et al. Zero-shot scene classification for high spatial resolution remote sensing images[J]. IEEE Trans. Geosci. Remote Sens., 2017,55(7): 4157-4167.

[28] WANG Chen, PENG Guohua, DE BAETS B. A distance-constrained semantic autoencoder for zero-shot remote sensing scene classification[J]. IEEE J. Sel. Top. Appl. Earth Obs. Remote Sens., 2021,14:12545-12556.

[29] LI Yansheng, ZHU Zhihui, YU Jingang, et al. Learning deep cross-modal embedding networks for zero-shot remote sensing image scene classification[J]. IEEE Transactions on Geoscience and Remote Sensing, 2021, 59(12): 10590-10603.

[30] HE Kaiming, ZHANG Xiangyu, REN Shaoqing, et al. Deep residual learning for image recognition[C]//The IEEE/CVF Computer Vision and Pattern Recognition Conference. Las Vegas:IEEE,2016:770-778.

[31] RADFORD A, KIM J W, HALLACY C, et al. Learning transferable visual models from natural language supervision[C]//ICML. ELECTR NETWORK: ACM, 2021:8748-8763.

[32] DOSOVITSKIY A, BEYER L, KOLESNIKOV A, et al. An image is worth 16x16 words: Transformers for image recognition at scale[C]// ICLR. Vienna: OpenReview. net, 2021.

[33] VASWANI A, SHAZEER N, PARMAR N, et al. Attention is all you need[C]//Advances inneural information processing systems. Long Beach: MIT Press,2017:5998-6008.

[34] LAMPERT C H, NICKISCH H, HARMELING S. Learning to detect unseen object classes by between-class attribute transfer[C]//The IEEE/ CVF Computer Vision and Pattern Recognition Conference. Miami Beach: IEEE, 2009:951-958.

[35] ZHANG Ziming, SALIGRAMA V. Zero-shot learning via joint latent similarity embedding[C]//IEEE/CVF Computer Vision and Pattern Recognition Conference. Seattle:IEEE,2016:6034-6042.

[36] LIU Yang, ZHOU Lei, BAI Xiao, et al. Goal-oriented gaze estimation for zero-shot learning[C]//The IEEE /CVF Computer Vision and Pattern Recognition Conference. ELECTR NETWORK:IEEE,2021: 3794-3803.

[37] XIAN Y, LORENZ T, SCHIELE B, et al. Feature generating networks for zeroshot learning [C]//IEEE/CVF Computer Vision and Pattern Recognition Conference. Salt Lake City: IEEE, 2018: 5542-5551.

[38] GOODFELLOW I, POUGET-ABADIE J, MIRZA M, et al. Generative adversarial nets[C]//Advances in neural information processing systems: volume 27. Montreal: MIT Press, 2014: 2672-2680.

[39] KINGMA D P, WELLING M. Auto-encoding variational bayes [C]// ICLR. Banff: OpenReview. net, 2014.

[40] ZHU Yizhe, XIE Jianwen, LIU Bingchen, et al. Learning feature-to-feature translator by alternating back-propagation for generative zero-shot learning[C]//International Conference on Computer Vision. Seoul: IEEE, 2019a: 9843-9853.

[41] SCHONFELD E, EBRAHIMI S, SINHA S, et al. 2019. Generalized zeroand few-shot learning via aligned variational autoencoders [C]//In: IEEE/CVF Computer Vision and Pattern Recognition Conference. Long Beach: IEEE, 2019: 8247-8255.

[42] SUMBUL G, CINBIS R G, AKSOY S, et al. Fine-grained object recognition and zeroshot learning in remote sensing imagery [J]. IEEE Trans. Geosci. Remote Sens., 2017, 56(2): 770-779.

[43] NAYAK N V, BACH S H. Zero-shot learning with common sense knowledge graphs [C]//International Conference on Learning Representations. Vienna: OpenReview. net, 2021.

[44] AL-HALAH Z, STIEFELHAGEN R. Automatic discovery, association estimation and learning of semantic attributes for a thousand categories[C]// The IEEE/CVF Computer Vision and Pattern Recognition Conference. Honolulu: IEEE, 2017a: 5112-5121.

[45] LI Zihao, ZHANG Daobing, WANG Yang, et al. Generative adversarial networks for zero-shot remote sensing scene classification[J]. Appl. Sci., 2022, 12(8): 3760.

[46] BOJANOWSKI P, GRAVE E, JOULIN A, et al. Enriching word vectors with subword information [J]. Transactions of the Association for Computational Linguistics, 2017, 5: 135-146.

[47] RADFORD A, WU J, CHILD R, et al. Language models are unsupervised multitask learners[J]. OpenAI Blog, 2019, 1(8): 9.

[48] LU Xiaoqiang, WANG Binqiang, ZHENG Xiangtao, et al. Exploring

models and data for remote sensing image caption generation[J]. IEEE Trans. Geosci. Remote Sens. ,2017, 56(4): 2183-2195.

[49] OORD A V D, LI Y, VINYALS O. Representation learning with contrastive predictive coding. arXiv preprint arXiv:1807.03748,2018.

[50] BA J L, KIROS J R, HINTON G E. Layer normalization. arXiv preprint arXiv: 1607.06450,2016.

[51] YANG Yi, NEWSAM S. Spatial pyramid co-occurrence for image classification [C]//International Conference on Computer Vision. Barcelona:IEEE, 2011:1465-1472.

[52] XIA Guisong, HU Jingwen, HU Fan, et al. Aid: A benchmark data set for performance evaluation of aerial scene classification[J]. IEEE Transactions on Geoscience and Remote Sensing, 2017, 55(7): 3965-3981.

[53] LI Haifeng, TAO Chao,WU Zhixiang et al. RSI-CB:A large scale remote sensing image classification benchmark via crowdsource data. arXiv preprint arXiv:1705.10450,2017a.

[54] PARKJ, WOO S, LEE J Y, et al. Bam: Bottleneck attention module [C]//British Machine Vision Conference. Newcastle: Springer,2018:147.

[55] WOO S, PARK J, LEE J-Y, et al. Cbam: Convolutional block attention module [C]//European Conference on Computer Vision. Munich: Springer,2018:3-19.

[56] TAO S Y, YEH Y R, WANG Y C F. Semantics-preserving locality embedding for zero-shot learning[C]//BMVC. London: Springer, 2017.

[57] LI Yanan, WANG Donghui, HU Huanhang, et al. Zero-shot recognition using dual visual-semantic mapping paths[C]//The IEEE/CVF Computer Vision and Pattern Recognition Conference. Honolulu: IEEE, 2017: 5207-5215.

[58] LI Jun, LIN Daoyu, WANG Yang, et al. Deep discriminative representation learning with attention map for scene classification[J]. Remote Sens. , 2020b,12(9):1366.

[59] KODIROV E, XIANG Tao, GONG Shaogang. Semantic autoencoder for zero-shot learning[C]//The IEEE/CVF Computer Vision and Pattern Recognition Conference. Honolulu:IEEE,2017: 3174-3183.

[60] QUAN Jicheng, WU Chen, WANG Hongwei, et al. Structural alignment based zero-shot classification for remote sensing scenes[C]//2018 IEEE International Conference on Electronics and Communication Engineering.

Xian:IEEE,2018:17-21.

[61] ELHOSEINY M, ELFEKI M. Creativity inspired zero-shot learning[C]// Proceedings of the IEEE/CVF International Conference on Computer Vision. Seoul:IEEE,2019: 5784-5793.

[62] NARAYAN S, GUPTA A, KHAN F S, et al. Latent embedding feedback and discriminative features for zero-shot classification[C]// European conference on computer vision. Glasgow: Springer, 2020: 479-495.

[63] HAN Zongyan, FU Zhenyong, CHEN Shuo, et al. Contrastive embedding for generalized zeroshot learning[C]//IEEE/CVF Computer Vision and Pattern Recognition Conference. virtual:IEEE,2021: 2371-2381.

[64] VAN DER MAATEN L, HINTON G. Visualizing data using t-SNE[J]. Journal of Machine Learning Research,2008, 9(11): 2579-2605.

第8章 总结与展望

8.1 全书内容总结

遥感图像分类是遥感图像理解的基石，在检测地球变化、维护空间安全、了解人类活动等任务中发挥关键作用。现有的深度学习模型多采用深层神经网络抽取大量图像特征，然后映射到类别标签，忽视了底层图像特征和高层类别之间的语义鸿沟。然而，遥感图像数据面临着少样本和细粒度双重挑战，面向类别粒度细、样本量少的遥感图像进行学习分类仍是当前非常具有挑战性的课题。属性是连接图像底层特征与高层语义的中间表示，能够标识类别辨别性特征、传递类间共享信息、揭示模型运行机理，融合属性学习的图像分类任务成为近年来深度学习领域的研究热点。本书围绕深度属性学习驱动的光学遥感图像分类这一课题，提出属性多任务预测、属性视觉建模、属性自动挖掘等方法，研究在少样本、细粒度等难点问题中提高遥感图像分类精度。本书的主要研究工作和创新成果如下。

(1) 提出融合属性预测的多任务学习模型，引导神经网络关注图像中的辨别性区域，提高细粒度分类的精度。同时为模型决策的提供基于属性的解释，增强模型的可解释性和可信度。

针对遥感图像目标分类面临的细粒度问题，提出结合属性预测和类别预测的多任务学习模型。在原始类别预测模块基础上引入属性预测，能够提高模型对类别可辨别性区域和前景目标的注意力。针对深度学习模型的决策过程缺乏可解释性的问题，提出基于属性的嵌入注意力模块，通过计算属性类别预测过程的贡献，生成基于属性的语义解释和视觉解释。本章在3个大规模细粒度数据集上进行实验，并得出如下结论：①属性预测模块的引入能够将模型对于图像前景的关注度提高60%，可极大地增强模型对类别可辨别性区域的注意力；②多任务学习模型能够应用于多种基础神经网络，并提高它们的类别预测精度；③模型的属性预测准确率达 92.6%，能够提供准确的基于属性的模型决策解释，加深用户对模型决策的理解和信任。

（2）提出基于地理空间数据的属性提取模型，能够发掘数据中具有类别辨别性的时间属性和空间属性，并融合遥感图像进行分类，提高遥感场景分类的精度。

针对遥感场景分类中面临的细粒度问题，提出融合多源遥感数据的属性提取融合模型。本书使用易于从移动端应用或 GPS 数据中获取的用户活动地理空间数据，首先考虑人类活动的时间规律，提取数据中蕴含的时间属性。此外，考虑到人类活动的空间规律，依据用户在区域间的活动建立用户-区域图网络，提取空间属性。最后，模型提出决策融合网络，结合多种属性和遥感图像的类别预测结果做出最终决策。本章在大规模遥感场景细粒度分类数据集上进行实验，并得出如下结论：①相比于仅利用光学遥感图像进行分类的模型，本方法能够将准确率提高 38.71%，证明地理空间数据能够有效解决图像细粒度分类问题；②相比于其他使用地理空间数据辅助遥感场景分类的国际主流模型，本方法能够将准确率提高 17.62%，说明本书提出的时空属性提取模块能够有效挖掘多源遥感数据中具有类别辨别性的特征；③此外，由于本书研究的地理空间数据和遥感图像具有很强的普适性且结构简单，因此在遥感场景分类任务中具有较大的应用前景。

（3）提出基于属性建模迁移的少样本遥感图像分类模型，提高模型对属性的视觉信息定位，通过属性在类别间的迁移解决少样本分类问题。

针对遥感图像分类面临的少样本和零样本问题，本书将两个问题整合到统一的框架下，提出属性原型网络进行分类。模型从神经网络抽取的图像局部特征中学习属性的视觉原型，并提出属性回归和属性解耦合损失，降低由于属性共现导致的问题，实现属性在视觉空间的高精度建模。得益于属性的类别共享特性，通过将属性原型从样本较多的源类别迁移至目标类别，拟合目标类别的视觉分布，解决少样本带来的分类难题。本章在 4 个少样本分类数据集上进行实验，并得出如下结论：①本书提出的模型能够实现高精度少样本和零样本分类，尤其是在零样本遥感场景分类任务中，较国际主流算法精度提高超过 15.0%；②模型所学习的属性视觉原型能够辅助实现属性在图像上的精准定位，定位精度超出其他模型 18.4%；③用户调查表明，属性原型能够揭示少样本分类模型的决策机制，帮助用户更好地理解和改进模型。

（4）提出视觉属性发掘网络，增加属性的完备性和可辨识性，同时减少属性标注过程中所需要的人力。

针对人类标注和语料挖掘的属性标注方法耗费人力物力、在视觉空间不完备等问题，本书提出视觉属性发掘网络，能够完备地挖掘图像中所蕴含的视觉属性，形成对人类标注属性的有效补充。该网络提出视觉属性聚类模块，通过对局部图像切片的聚类发掘属性簇，能够实现图像的自动化属性标注。此外，网络提出类别关系模块，通过类别的语义标签挖掘其关系，能够将样本较多的源类别中挖掘到的视觉属性迁移至样本较少的目标类别。本章在少样本和细粒度分类任务上分别进行实验，并得出如下结论：①本书挖掘的属性在视觉空间具有很高的完备性和可辨别性，能够将细粒度分类准确率提升近 20%；②相比于语料挖掘属性的方法，本书的视觉属性能够将零样本分类准确率提升 12.0%；③用户调查表明，本书挖掘的属性在 88.5%的情况下传达了一致的语义信息，能够有效缩减人类标注属性所用的时间。

8.2 后续工作展望

综上所述，本书研究了基于深度属性学习的图像分类模型，为解决遥感图像分类面临的细粒度和少样本问题提出了有效的解决方案。这些创新成果提高了遥感图像分类的精度，具有重要的研究和应用价值。然而，这些都只是遥感图像理解领域的冰山一角。在本书的研究基础上，未来将在以下方向进行拓展。

(1) 多源遥感数据分类问题。本书处理的图像主要为光学遥感图像，而第 4 章的研究表明，利用不同遥感数据源和其他地理空间数据能够有效地提高遥感图像分类的精度，且能够在一定程度上解决单一图像源面临的细粒度和少样本问题。多源遥感数据有着不同的特点和优势，例如合成孔径雷达能够全天时全天候观测地物，红外遥感能够反映地物热辐射情况，多/高光谱图像能够描述地物丰富的光谱信息。本书在后续的研究工作中，将会探索如何有效利用多种遥感数据进一步提高分类精度。

(2) 其他遥感图像理解任务。本书集中解决了少样本和细粒度问题给遥感图像分类任务带来的影响。然而在其他遥感图像理解任务中(如目标检测、地物分类等)，大规模类别中存在的少样本问题和类别间存在的细粒度问题依然会影响深度学习模型的训练和拓展。本书在后续工作中，将会研究如何利用深度属性学习提升更多遥感图像理解任务的效果，并试图探索更通用的解决方案。